AF325041

NOTE EXPLICATIVE

des Objets exposés

PAR

L'École Agricole et Forestière de Komaba

MINISTÈRE DE L'AGRICULTURE ET DU COMMERCE

TOKIO (Japon)

COMMISSARIAT IMPÉRIAL DU JAPON

152, rue de la Pompe, PARIS

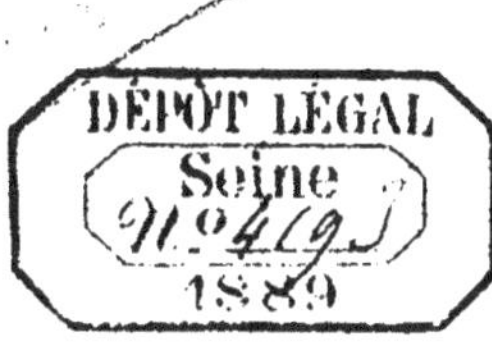

PARIS

IMPRIMERIE ET LIBRAIRIE CENTRALES DES CHEMINS DE FER

IMPRIMERIE CHAIX

SOCIÉTÉ ANONYME AU CAPITAL DE SIX MILLIONS

Rue Bergère, 20

1889

NOTE EXPLICATIVE

des Objets exposés

PAR

L'École Agricole et Forestière de Komaba

CLASSE 42 — GROUPE 5

ÉCOLE AGRICOLE ET FORESTIÈRE DE KOMABA

Échantillons des bois
de constructions utiles du Japon.

1. Hinoki (*Thuya obtusa* Sieb. et Zucc.).

Le Hinoki atteint environ 6 mètres de circonférence et 36 mètres de hauteur.

Il sert à la construction des maisons, navires et ponts, et à la fabrication de différents meubles. Son écorce s'emploie pour couvrir les maisons et pour le Maye-hada employé pour empêcher l'eau de pénétrer entre les planches des navires.

2. Asunaro (*Thuya dolobrata* L.).

L'Asunaro atteint environ 3 mètres de circonférence et 27 mètres de hauteur.

Il sert à la construction des maisons, des navires, et à la fabrication des meubles et de boîtes rondes. On emploie son écorce pour la fabrication des mèches nommées Hinawa.

3. **Nezuko** (*Thuya gigantea* Nest., var. *japonica* Maxim.).

Le Nezuko atteint environ 1^m,80 de circonférence et 18 mètres de hauteur.

Il s'emploie pour la construction des maisons et pour la fabrication de différents meubles; on en fait aussi des bardeaux.

4. **Sawara** (*Thuya pisifera* Benth et Hook).

Le Sawara atteint environ 3^m,60 de circonférence et 24 mètres de hauteur.

Il sert à la fabrication des seaux et des meubles.

5. **Himemuro** (*Thuya squarroso* Sieb. et Zucc.).

Le Himemuro atteint environ 1^m,20 de circonférence et 15 mètres de hauteur.

Il s'emploie pour la fabrication des meubles.

6. **Nezumisachi** (*Juniperus rigida* Sieb. et Zucc.).

Le Nezumisachi atteint environ 2^m,40 de circonférence et 15 mètres de hauteur.

Il sert à la fabrication des baignoires, des tuyaux et des seaux. On emploie ses fruits comme médicaments.

7. **Biakushin** (*Juniperus chinensis* L.).

Le Biakushin atteint environ 0^m,90 de circonférence et 9 mètres de hauteur.

Il s'emploie pour la fabrication des crayons.

8. **Sugi** (*Cryptomeria japonica* Don.).

Le Sugi atteint environ 7^m,50 de circonférence et 36 mètres de hauteur.

Il sert à la construction des maisons, des navires et des ponts. On l'emploie aussi pour la fabrication des meubles, des seaux, des bardeaux, etc.

9. **Inu-gaya** (*Cephalotaxus drupacea* Sieb. et Zucc.).

L'Inu-gaya atteint environ 0^m,60 de circonférence et 9 mètres de hauteur.

Il est employé à la confection de différents petits objets fabriqués, soit au tour, soit à la main; on fait des bâtons avec ses petites branches. Ses graines donnent de l'huile.

10. Araragi (*Taxus cuspidata* Sieb. et Zucc.).

L'Araragi atteint environ 2ᵐ,40 de circonférence et 15 mètres de hauteur.

Il s'emploie pour l'architecture et la fabrication de meubles, tables et ouvrages au tour, etc.

11. Kaya (*Torreya nucifera* Sieb. et Zucc.).

Le Kaya. atteint environ 2ᵐ,40 de circonférence et 15 mètres de hauteur.

Il s'emploie pour l'architecture et la fabrication des baignoires, des tables à jeu de Go, etc.

Ses graines fournissent de l'huile.

12. Itcho (*Ginkgo biloba* L.).

L'Itcho atteint environ 4ᵐ,50 de circonférence et 24 mètres de hauteur.

Il sert à la fabrication des meubles, des tables à jeu de Go, des planches de tailleurs, des grains de Soroban (sorte d'abaque), etc. On mange ses fruits.

13. Nagi (*Podocarpus nageia* R. Br.).

Le Nagi atteint environ 1ᵐ,80 de circonférence et 12 mètres de hauteur.

Il s'emploie pour la fabrication des petits objets.

14. Maki (*Podocarpus macrophylla* Don.).

Le Maki atteint environ 1ᵐ,80 de circonférence et 18 mètres de hauteur.

Il s'emploie pour la construction des ponts et des poutres que l'on place sur champ, sur les pierres fondamentales. On en fait aussi des meubles.

15. Koyamaki (*Sciadopytis verticillata* Sieb. et Zucc.).

Le Koyamaki atteint environ 1ᵐ,80 de circonférence et 15 mètres de hauteur.

Il sert à la construction des maisons, des petits bateaux, des ponts, et pour la fabrication des baignoires. On emploie son écorce pour le Mayehada, servant à empêcher l'eau de pénétrer entre les planches des navires.

16. Aka-matsu (*Pinus densiflora* Sieb. et Zucc.).

L'Aka-matsu atteint environ 6 mètres de circonférence et 30 mètres de haut.

Il s'emploie pour la construction des navires, des enceintes, des ponts et la fabrication des meubles ; on en fait aussi des faîtages de maisons, des bardeaux, des sculptures, etc. Il sert également pour le chauffage et pour faire le charbon de bois.

17. Kuro-matsu (*Pinus Thunbergii* Parlat.).

Le Kuro-matsu atteint environ 6 mètres de circonférence et 30 mètres de hauteur.

Il sert à la construction des maisons, des navires, des enceintes et des ponts ; on en fait aussi des sculptures, etc. Il sert également comme bois de chauffage et pour faire le charbon de bois.

18. Himeko-matsu (*Pinus parviflora* Sieb. et Zucc.).

Le Himeko-matsu atteint environ 3 mètres de circonférence et 15 mètres de hauteur.

Il s'emploie pour la construction des maisons et pour la fabrication des meubles et de divers objets qu'on vernit. On s'en sert aussi comme chauffage et pour faire le charbon de bois.

19. Chosen-matsu (*Pinus koraiensis* Sieb. et Zucc.).

Le Chosen-matsu atteint environ $1^m,80$ de circonférence et 12 mètres de hauteur.

Il sert pour la construction des maisons et à la fabrication des meubles.

20. Iramoni (*Picea polita* Carr.).

L'Iramoni atteint environ $2^m,40$ de circonférence et 18 mètres de hauteur.

Il sert pour la construction des maisons et à la fabrication des boites, etc.: on en fait aussi des planches.

21. Tohi (*Picea alcokiana* Carr.).

Le Tohi atteint environ $0^m,90$ de circonférence et 18 mètres de hauteur.

Il s'emploie pour la construction des maisons et la fabrication des cerceaux de cribles et de paniers à vaporisation, etc.

22. Tsuga (*Tsuga Sieboldii* Carr.).

Le Tsuga atteint environ 3 mètres de circonférence et 24 mètres de hauteur.

Il sert pour la construction des maisons et des navires et à la fabrication de divers meubles.

23. Shirabé (*Abies Veitchii* Henk et Hochst.).
Le Shirabé atteint environ $1^{m},12$ de circonférence et 12 mètres de hauteur.
Il sert pour la construction des maisons et à la fabrication des meubles, etc.

24, Momi (*Abies firma* Sieb. et Zucc.).
Le Momi ateint environ 3 mètres de circonférence et 30 mè tres de hauteur.
Il sert à la construction des maisons et pour la fabrication des boîtes, meubles, etc.

25. Fuji-matsu (*Larix leptolepsis* Gord.).
Le Fuji-matsu atteint environ 3 mètres de circonférence et 30 mètres de hauteur.
Il sert à la construction des navires et des maisons et pour la fabrication des meubles, traverses, etc.

TABLEAU II

Échantillons des bois de construction des arbres à feuilles tombantes.

---

26. Konara (*Quercus glandulifera* Bl.).
Le Konara atteint environ $0^{m},90$ de circonférence et 12 mètres de hauteur.
Il s'emploie principalement pour chauffage et pour faire du charbon de bois ; il sert aussi à la fabrication de divers instruments agricoles.
Son écorce s'emploie pour la teinture.

27. Wonora (*Quercus crispura* Bl.).
Le Wonora atteint environ 2 mètres de circonférence et 15 mètres de hauteur.

Il s'emploie principalement pour le chauffage et pour faire du charbon de bois; il sert aussi à faire des rames.

28. Abemaki (*Quercus variabilis* Hanc.).

L'Abemaki atteint environ 2^m,40 de circonférence et 18 mètres de hauteur.

Il s'emploie comme chauffage, on en fait du charbon de bois. Le liège de son écorce sert à faire des bouchons.

29. Kuri (*Castanea vulgaris* Lam., var. *japonica* D. C.).

Le Kuri atteint environ 1^m,20 de circonférence et 12 mètres de hauteur.

Il sert à la construction des maisons et à la fabrication des accessoires de navires, des meubles, traverses, planches fendues, etc.

Son écorce est employée pour la teinture.

30. Hannoki (*Alnus maritima* Nutt., var. *japonica* Reg.).

Le Hannoki atteint environ 1^m,20 de circonférence et 12 mètres de hauteur.

Il sert comme chauffage ; on en fait du charbon de bois et il est employé dans la fabrication de la poudre à canon.

31. Minebari (*Betula corylifolia* Reg.).

Le Minebari atteint environ 0^m,90 de circonférence et 12 mètres de hauteur.

Il est employé à la fabrication des traîneaux, des peignes, des peignes de tisserands, des machines, des mortiers, etc.

32. Buna (*Fagus sylvatica* L., var. *asiatica* D. C.).

Le Buna atteint environ 3 mètres de circonférence et 15 mètres de hauteur.

Il s'emploie pour les ouvrages fabriqués au tour pour les tables de tailleurs, les petits plateaux en bois, les instruments agricoles, etc. Il sert comme chauffage.

33. Keyaki (*Zelkoa Keaki* Sieb. et Zucc.).

Le Keyaki atteint environ 4^m,50 de circonférence et 30 mètres de hauteur.

Il sert à la construction des navires et des maisons et à la fabrication des machines, d'ouvrages faits au tour, etc.

34. Mukunoki (*Aphananthe aspera* Planch.).

Le Mukunoki atteint environ 2^m,40 de circonférence et 15 mètres de hauteur.

Il sert à la construction des affûts, des bâtons, etc. Ses feuilles s'emploient pour le nettoyage des cornes.

35. Yenoki (*Celtis sinensis* Pers.).

Le Yenoki atteint environ 4^m,50 de circonférence et 15 mètres de hauteur.

Il sert à la fabrication des ouvrages faits au tour, des planches de tailleurs, des planches à découper les poissons ou les légumes, des instruments agricoles, etc.

36. Kurumi (*Juglans sieboldiana* Maxim.).

Le Kurumi atteint environ 2^m,40 de circonférence et 15 mètres de hauteur.

Il sert à la fabrication des boîtes, tables, affûts, fûts, etc. Son écorce s'emploie dans la teinture.

37. Sawagurumi (*Pterocarpa rhoifolia* Sieb. et Zucc.).

Le Sawagurumi atteint environ 1^m,20 de circonférence et 9 mètres de hauteur.

Il sert à la fabrication des boîtes, des chaussures en bois, etc.

38. Aburagiri (*Elæoccoca cordata* Bl.).

L'Aburagiri atteint environ 1^m,20 de circonférence et 9 mètres de hauteur.

Il sert à la fabrication des boîtes, des chaussures en bois, etc.

Son écorce est employée pour la teinture.

39. Shioji (*Fraxinus mandsurica* Rupr.).

Le Shioji atteint environ 2^m,40 de circonférence et 15 mètres de hauteur.

Il sert à la construction des maisons et à la fabrication des meubles, traverses, etc.; on en fait aussi des manches d'instruments et des ouvrages au tour.

40. Kiri (*Paulownia imperialis* Sieb. et Zucc.).

Le Kiri atteint environ 1^m,80 de circonférence et 12 mètres de hauteur.

Il sert à la fabrication des meubles, boîtes, etc., on en fait du charbou employé dans la poudre à canon.

41. Tochi (*Æsculus turbinata* Bl.).

Le Tochi atteint environ 1^{m},80 de circonférence et 6 mètres de hauteur.

Il sert à la construction des maisons et à la fabrication des ouvrages au tour, et objets divers qu'on vernit. On s'en sert aussi pour fabriquer des tables, boîtes et petits plateaux.

42. Kayede (*Acer palmatum* Thunb.).

Le Kayede atteint environ 2^{m},40 de circonférence et 15 mètres de hauteur.

Il est employé pour les ouvrages façonnés au tour, ainsi que pour la fabrication d'objets qu'on vernit, d'affûts, de fûts, d'entourages, de boîtes, etc.

43. Kempo-nashi (*Hovenia dulcis* Thunb.).

Le Kempo-nashi atteint environ 2 mètres de circonférence et 15 mètres de hauteur.

Il est employé pour les ouvrages tournés ; on en fait aussi des peignes, des objets pour écrire, des fourneaux portatifs, etc.

44. Saruta (*Stuartia monadelpha* Sieb. et Zucc.).

Le Saruta atteint environ 2^{m},40 de circonférence et 12 mètres de hauteur.

Il s'emploie dans les montants de Toko (espèces de gradins), pour la fabrication des manches d'instruments, etc.

45. Sendan (*Melia azedarach* L., var. *subtripinnata* Miq.).

Le Sendan atteint environ 3 mètres de circonférence et 15 mètres de hauteur.

Il sert dans la construction des maisons et la fabrication des chaussures de bois, tables, meubles, etc.

46. Tchanchin (*Cedrera chinensis* Juss.).

Le Tchanchin atteint environ 2^{m},40 de circonférence et 18 mètres de hauteur.

Il sert à la fabrication des tables, chaussures en bois, meubles, etc.

47. Yama-sakura (*Prunus pseudo-cerasus* Lindl.).

Le Yama-sakura atteint environ 2 mètres de circonférence et 18 mètres de hauteur.

Il sert à la construction des maisons et à la fabrication des planches pour imprimer, des ouvrages au tour, des petits plateaux, des règles, des meubles, etc. Son écorce est utilisée pour faire les couvercles de boîtes rondes.

48. Konzetsu (*Acanthopanax sciadophylloides* Fr. et Sav.).

Le Konzetsu atteint environ $1^m,20$ de circonférence et 12 mètres de hauteur.

Il sert à la fabrication des boîtes, bâtons, chaussures en bois, etc.

49. Hoonoki (*Magnolia hypoleuca* Sieb. et Zucc.).

Le Hoonoki atteint environ $2^m,40$ de circonférence et 15 mètres de hauteur.

Il s'emploie pour faire des tables pour la coupe des habits, des objets qui doivent être vernis, des planches à découper en usage dans les cuisines, des chaussures en bois, du charbon de bois, des crayons, des planches à imprimer, etc.

50. Katsura (*Cercidiphyllum japonicum* Sieb. et Zucc.).

Le Katsura atteint environ 3 mètres de circonférence et 24 mètres de hauteur.

Il sert à la construction des maisons et à la fabrication des boîtes, planches, ouvrages au tour, etc.

51. Deronoki (*Populus sauveolens* Fish.).

Le Deronoki atteint environ $1^m,20$ de circonférence et 15 mètres de hauteur.

Il sert à la fabrication des allumettes, des Hashi (en anglais « chop-stick ») et de diverses boîtes.

52. Saikachi (*Gliditchia japonica* Miq.).

Le Saikachi atteint environ $2^m,40$ de circonférence et 18 mètres de hauteur.

Il sert à la fabrication des boîtes, des meubles, etc. Ses cosses s'emploient en teinture.

53. Yenju (*Sophora japonica* L.).

Le Yenju atteint environ $1^m,50$ de circonférence et 15 mètres de hauteur.

Il sert à la construction des maisons et aux ouvrages tournés ; on s'en sert aussi pour faire des tables, des manches d'instruments agricoles, etc.

54. Inu-yenju (*Cladastris amurensis* Benth et Hook).

Le Inu-yenju atteint environ 0^m,90 de circonférence et 12 mètres de hauteur.

Il sert à la construction des maisons et à la fabrication des boîtes, des petits objets, des ouvrages au tour, etc.

55. Nemunoki (*Albizzia julibrizin* Boivin).

Le Nemunoki atteint environ 0^m,90 de circonférence et 15 mètres de hauteur.

Il s'emploie pour la fabrication des tables, des boîtes, des petits objets, etc.

56. Zumi (*Pyrus toringo* Sieb. et Zucc., var. *incisa* Fr. et Sav.).

Le Zumi atteint environ 1^m,80 de circonférence et 12 mètres de hauteur.

Il s'emploie pour fabriquer des peignes, des manches de haches, des ouvrages au tour, etc.

57. Nashi (*Pyrus assyriensis* Maxim.).

Le Nashi atteint environ 1^m,80 de circonférence et 12 mètres de hauteur.

Il sert à fabriquer des peignes, des planches à imprimer, des ouvrages au tour, des entourages d'ardoises, etc.

58. Nanakamado (*Pyrus sambucifolia* Cham. et Schlect.).

Le Nanakamado atteint environ 1^m,20 de circonférence et 9 mètres de hauteur.

Il s'emploie pour les ouvrages à faire au tour, pour le chauffage et le charbon de bois.

59. Natsumé (*Zizyphus vulgaris* Lam.).

Le Natsumé atteint environ 0^m,90 de circonférence et 12 mètres de hauteur.

Il sert à la fabrication des petits objets.

60. Awohada (*Symplocos paniculata* Pall.).

L'Awohada atteint environ 0^m,90 de circonférence et 12 mètres de hauteur.

Il sert à fabriquer des ouvrages tournés.

61. Kihada (*Phellodendron amurense* Rupr.).

Le Kihada atteint environ 3 mètres de circonférence sur 18 mètres de hauteur.

Il sert à la fabrication des boîtes, des ouvrages au tour, des chaussures en bois, etc. Son écorce s'emploie comme remède et dans la teinture.

62. Nigaki (*Picrasma allantoïdes* Planch.).

Le Nigaki atteint environ $1^m,50$ de circonférence et 15 mètres de hauteur.

Il sert à fabriquer les instruments agricoles, les chaussures en bois, etc. Son écorce est employée comme insecticide.

63. Riobu (*Clethra Barbinerois* Sieb. et Zucc.).

Le Riobu atteint environ $0^m,60$ de circonférence et 9 mètres de hauteur.

Il s'emploie pour les montants de gradins, pour les ouvrages tournés, le chauffage et le charbon de bois.

64. Mame-gaki (*Diospyros lotus* L.).

Le Mame-gaki atteint environ $1^m,50$ de circonférence et 12 mètres de hauteur.

Il sert à faire des petits objets, des montants de gradins. des ouvrages tournés, etc.

De ses fruits on tire le Shibu (sorte de vernis astringent).

65. Akiniré (*Ulmus parvifolia* Jacq.).

L'Akiniré atteint environ $0^m,90$ de circonférence et 12 mètres de hauteur.

Il sert à fabriquer les ouvrages tournés, les meubles. les Netsuké (gros boutons pour tabatières, bourses. etc.).

66. Akashide (*Carpinus japonica* Bl.).

L'Akashide atteint environ $0^m,90$ de circonférence et 12 mètres de hauteur.

Il sert à la fabrication des instruments agricoles, comme chauffage et pour faire du charbon de bois.

67. Asada (*Ostrya virginica* Willd.).

L'Asada atteint environ $1^m,50$ de circonférence et 18 mètres de hauteur.

Il s'emploie pour l'architecture et la fabrication des meubles, etc.

68. Shirakaba (*Betula alba* L., var. *vulgaris* Reg.).

Le Shirakaba atteint environ 1^m,20 de circonférence et 9 mètres de hauteur.

Il sert à la fabrication des boîtes, des peignes, des laques, des ouvrages au tour, des seaux, des traîneaux, etc.

69. Nurude (*Rhus semi-alata* Murr., var. *Osbeckii* D. C.).

Le Nurude atteint environ 1^m,20 de circonférence et 9 mètres de hauteur.

Il sert à la fabrication des boîtes et des petits objets. Ses feuilles fournissent des galles.

70. Harigiri (*Acanthopanax ricinifolium* Sieb. et Zucc.).

L'Harigiri atteint environ 1^m,80 de circonférence et 18 mètres de hauteur.

Il sert à la construction des maisons et à la fabrication des meubles, boîtes, bâtons, etc.

71. Mukuroji (*Sapindus mukorosi* Gaert.).

Le Mukuroji atteint environ 1^m,20 de circonférence et 12 mètres de hauteur.

Il sert à la fabrication des boîtes, des Tenbin-bo (bâtons pour porter des fardeaux sur les épaules), etc.

72. Shinanoki (*Tilia cordata* Mill., var. *japonica* Miq.).

Le Shinanoki atteint environ 1^m,20 de circonférence et 12 mètres de hauteur.

Il sert à fabriquer les petits objets, boîtes, crayons, etc. On tire des matières textiles de ses feuilles.

73. Kisasage (*Catalpa Kaempferi* Sieb. et Zucc.).

Le Kisasage atteint environ 0^m,80 de circonférence et 6 mètres de hauteur.

Il sert à faire des boîtes.

74. Asagara (*Pterostyrax corymbosum* Sieb. et Zucc.).

L'Asagara atteint environ 0^m,75 de circonférence et 9 mètres de hauteur.

Il sert à fabriquer des petits objets.

75. Hakuunboku (*Styrax obassia* Sieb. et Zucc.).

L'Hakuunboku atteint environ 0^m,90 de circonférence et 9 mètres de hauteur.

Il sert à la fabrication des ouvrages au tour, des toupies, cuillers, des Karakasa-rokuro (anneau à coulisse de bois auquel est attaché le parapluie japonais), etc. On tire de l'huile de ses grains.

76. Ego (*Styrax japonicum* Sieb. et Zucc.).

L'Ego atteint environ 0^m,75 de circonférence et 6 mètres de hauteur.

Il s'emploie pour les ouvrages tournés et sert principalement à faire des toupies, des Karakasa-rokuro (voir ci-dessus).
On tire de l'huile de ses graines.

77. Awabuki (*Meliosma myriantha* Sieb. et Zucc.).

L'Awabuki atteint environ 0^m,90 de circonférence et 12 mètres de hauteur.

Il s'emploie pour la fabrication de petits objets.

78. Fusazakura (*Eupteleapoliandra* Sieb. et Zucc.).

Le Fusazakura atteint environ 0^m,60 de circonférence et 9 mètres de hauteur.

Il s'emploie pour le chauffage et à faire du charbon de bois.

79. Akame-gashiwa (*Rottlera japonica* Sieb. et Zucc.).

L'Akame-gashiwa atteint environ 1^m.20 de circonférence et 9 mètres de hauteur.

Il sert à fabriquer les meubles.

80. Yama-tsutsuji (*Rhododendron indicum* Sw., var. *Kaempferi* Maxim.):

Le Yama-tsusuji atteint environ 0^m,90 de circonférence et 6 mètres de hauteur.

Il sert à faire des ouvrages tournés et des Netsuké.
On s'en sert aussi pour le chauffage.

81. Yashabushi (*Alnus firma* Sieb. et Zucc.).

Le Yashabushi atteint environ 0^m,90 de circonférence et 9 mètres de hauteur.

Il sert pour les ouvrages tournés et pour chauffage. On emploie ses fruits pour la teinture.

TABLEAU

Échantillons des bois de construction provenant des arbres toujours verts.

---

82. Shira-kashi (*Quercus glauca* Thunb.).

Le Shira-kashi atteint environ 2ᵐ,40 de circonférence et 18 mètres de hauteur.

Il sert à la fabrication des machines, roues, timons, balanciers, avirons, etc. On en fait aussi du charbon de bois très estimé pour sa dureté et sa chaleur.

83. Aka-gashi (*Quercus acuta* Thunb.).

L'Aka-gashi atteint environ 1ᵐ,80 de circonférence et 12 mètres de hauteur.

Il sert à fabriquer des roues, timons, machines, Getano-ha (intérieur des chaussures en bois), etc.

84. Shii (*Quercus cuspidata* Thunb.).

Le Shii atteint environ 2ᵐ,10 de circonférence et 15 mètres de hauteur.

Il s'emploie pour les montants de gradins et pour les rames, etc. Son écorce sert à la teinture.

85. Ichiigashi (*Quercus gilva* Bl.).

L'Ichigashi atteint environ 1ᵐ,50 de circonférence et 15 mètres de hauteur.

Il sert à faire des avirons.

86. Ubame-gashi (*Quercus phyllireoides* A. Gray).

L'Ubame-gashi atteint environ 2ᵐ,40 de circonférence et 15 mètres de hauteur.

Il sert à fabriquer le Robeso (cheville de bord qui entre dans le trou de la rame) et le Rokubi (partie de la rame que l'on tient à la main), etc.

On en fait du charbon de bois.

87. Mokkoku (*Ternstrœmia japonica* Thunb.).

Le Mokkoku atteint environ 1ᵐ,20 de circonférence et 9 mètres de hauteur.

Il s'emploie pour les ouvrages tournés.

88. Tsubaki (*Camellia japonica* L.).

Le Tsubaki atteint environ 0ᵐ,90 de circonférence et 9 mètres de hauteur.

Il sert à fabriquer des peignes, marteaux de bois, instruments agricoles, ouvrages tournés.

On en fait aussi du charbon et, de ses fruits, on tire de l'huile.

89. Yamaguruma (*Trochodendron aralioides* Sieb. et Zucc.).

L'Yamaguruma atteint environ 0ᵐ,90 de circonférence et 9 mètres de hauteur.

Il sert à faire des ouvrages tournés.

De son écorce on tire de la glu.

90. Kagonoki (*Actinodaphne lancifolia* Meisn.).

Le Kagonoki atteint environ 1ᵐ,20 de circonférence et 12 mètres de hauteur.

Il sert à fabriquer des petits objets.

91. Kusunoki (*Cinnamomum camphora* Nees).

Le Kusunoki atteint environ 2ᵐ,40 de circonférence et 15 mètres de hauteur.

Il sert à la construction des navires et des maisons, à la fabrication des boîtes, meubles, ouvrages tournés, ouvrages composés de divers bois, etc.

On tire le camphre de ses bois et de la cire de ses graines.

92. Yabu-nikkei (*Cinnamomum pedunculatum* Nees).

L'Yabus-nikkei atteint environ 0ᵐ,90 de circonférence et 9 mètres de hauteur.

Il s'emploie pour les ouvrages tournés et pour la fabrication des meubles. De ses grains on tire une sorte de cire utilisée dans la fabrication du savon.

93. Nikkei (*Cinnamomum Laurerii* Nees).

Le nikkei atteint environ 1ᵐ,20 de circonférence et 12 mètres de hauteur.

Il sert à la fabrication des meubles.

Ses racines et son écorce s'emploient en médecine.

94. Matebashii (*Quercus glabra* Thunb.).

Le Matebashii atteint environ 1ᵐ,50 de circonférence et 15 mètres de hauteur.

Il sert à la fabrication des instruments agricoles.

Son écorce s'emploie dans la teinture.

95. Asebi (*Andromeda japonica* Thunb.).

L'Asebi atteint environ 0ᵐ,60 de circonférence et 7ᵐ,50 de hauteur.

On en fait des toupies et des ouvrages tournés, etc.

Ses feuilles servent d'insecticide.

96. Inutsuge (*Ilex crenata* Thunb.).

L'Inutsuge atteint environ 0ᵐ,75 de circonférence et 7ᵐ,50 de hauteur.

Il sert à la fabrication de divers objets : seaux, Netzuké, etc.

97. Nanamenoki (*Ilex Oldhami* Miq.).

Le Nanamenoki atteint environ 0ᵐ,60 de circonférence et 6 mètres de hauteur.

Il s'emploie pour la fabrication des meubles.

98. Kuroganemochi (*Ilex rotunda* Thunb.).

Le Kuroganemochi atteint environ 2ᵐ,40 de circonférence et 18 mètres de hauteur.

Il sert à faire des petits meubles et des ouvrages au tour.

99. Mochi (*Ilex integra* Thunb.).

Le Mochi atteint environ 0ᵐ,90 de circonférence et 15 mètres de hauteur.

Il sert à faire des petits meubles et des ouvrages au tour.

On fait de la glu avec son écorce.

100. Tarayo (*Ilex latifolia* Thunb.).

Le Tarayo atteint environ 3 mètres de circonférence et 15 mètres de hauteur.

Il sert à fabriquer de petits objets.

101. Isunoki (*Distilium racemosum* Sieb. et Zucc.).

L'Isunoki atteint environ 1ᵐ,80 de circonférence et 12 mètres de hauteur.

Il sert à la fabrication des montants de gradins, des instruments de musique, des peignes et des petits objets.

102. Sangoju (*Viburnum odoratissimum* Ker.).

Le Sangoju atteint environ 1^m,50 de circonférence et 9 mètres de hauteur.

Il s'emploie pour fabriquer des petits objets.

On fait des haies vives avec ces arbres.

103. Tobera (*Pittosporum tobira* Ait.).

Le Tobera atteint environ 0^m,90 de circonférence et 6 mètres de hauteur.

Il sert à fabriquer des petits meubles.

104. Shirodamo (*Litsaea glauca* Sieb.).

Le Shirodamo atteint environ 1^m,20 de circonférence et 9 mètres de hauteur.

Il sert à la fabrication des petits objets.

On tire de l'huile de ses graines.

105. Sazanka (*Camellia sasanqua* Thunb.).

Le Sazanka atteint environ 0^m,90 de circonférence et 7^m,50 de hauteur.

Il sert à fabriquer des peignes et des ouvrages au tour.

On tire de l'huile de ses graines.

106. Hisakaki (*Eurya japonica* Thunb.).

L'Hisakaki atteint environ 0^m,60 de circonférence et 6 mètres de hauteur.

Il sert à la fabrication des petits objets.

Les cendres de ce bois sont employées dans la teinture et pour la fabrication du papier.

107. Sakaki (*Cleyera japonica* Thunb.),

Le Sakaki atteint environ 1^m,50 de circonférence et 12 mètres de hauteur.

Il sert à faire des petits objets et des ouvrages au tour.

108. Shakunage (*Rhododendron Metternichii* Sieb. et Zucc.).

Le Shakunage atteint environ 0^m,21 de circonférence et 4^m,50 de hauteur.

Il sert à fabriquer des seaux et des petits objets.

109. Tsuge (*Buxus japonica* Müll.).

Le Tsuge atteint environ 0^m,60 de circonférence et 7^m,50 de hauteur.

ll sert à la fabrication des seaux, des Netsuké, des peignes, des bourres, des grains de Soroban, etc.

110. Biwa (*Photinia japonica* Thunb.).

Le Biwa atteint environ 0^m,60 de circonférence et 7^m,50 de hauteur.

Il sert à faire des petits objets. On mange ses fruits.

TABLEAU

Espèces des bambous.

111 Metsuki-dake (*Phyllostachys nigra* Munro, var. (?).

Le Metsuki-dake atteint environ 0^m,12 de circonférence et 6 mètres de hauteur.

Il s'emploie pour la menuiserie et les ornements.

112. Tsurube-dake (*Arundinaria japonica* Sieb. et Zucc.).

Le Tsurube-dake atteint environ 0^m,12 de circonférence et 9 mètres de hauteur.

Il sert à tirer l'eau avec les seaux.

113. Hotei-chiku (*Phyllostachys nigra* Munro, var. (?).

Le Hotei-chiku atteint environ 0^m,09 de circonférence et 2^m,40 de hauteur.

Il sert à faire des étuis de pipes, des cadres, des manches de parapluies, des tiges de plumes, des manches de Hishaku (espèce de grande cuiller pour puiser de l'eau).

114. Narihira-take (*Phyllostachys nigra* Munro, var. (?).

115. Kan-chiku (*Phyllostachys bambosoides* Sieb. et Zucc.).

Le Kan-chiku atteint environ 0^m,06 de circonférence et mètres de hauteur.

On l'emploie pour faire des bâtons, des paniers en bambou, et des haies vives.

116. Komachi-take (*Phyllostachys nigra* Munro, var. (?).

117. Meguro-take (*Phyllostachys nigra* Munro, var. (?).

118. Susu-take (*Phyllostachys nigra* Munro, var. (?).
On fait le Susu-take en fumant naturellement et longtemps le Ma-take (voir 120).
Le Susu-take s'emploie comme ornement et pour fabriquer des petits objets.

119. Moso (*Dendrocalamus,* sp. (?).
Le Moso atteint environ 0^m,60 de circonférence et 12 mètres de hauteur.
Le Moso sert à la fabrication des vases à fleurs, des Hishaku (genre de grande cuiller pour puiser l'eau), etc.
Les jeunes pousses se mangent cuites.

120. Ma-take (*Phyllostachys nigra* Munro. var. (?).
Le Ma-take atteint de 0^m,30 à 0^m,60 de circonférence et de 15 à 18 mètres de hauteur.
Il sert à fabriquer divers paniers, des tuyaux, des cercles de tonneaux, des seaux, etc.
On plante le Ma-take pour empêcher l'écoulement des terres et des sables.

121. Sabi-take (*Phyllostachys nigra* Munro, var. (?).
Le Sabi-take est couvert de petites taches nombreuses provenant de maladies; on l'emploie dans les ornements.

122. Shi-chiku (*Phyllostachys nigra* Munro, var. (?).
Le Shi-chicu atteint environ 0^m,24 de circonférence et 9 mètres de hauteur.
Il s'emploie pour faire des bâtons, des manches de parapluies, des Sudare (stores faits de petites lames de bambou), des ornements de maisons, etc.

123. Shakotan-chiku (*Bambusa tesselata* Munro).
Le Shakotan-chiku atteint environ 0^m,03 de circonférence et plus de 3 mètres de hauteur.
Il sert à la fabrication des tiges de plumes, des armoires suspendues, etc.

124. Kumotake (*Bambusa,* sp. (?).

125. **Mawatashi-take** (*Arundinaria*, sp. (?).

126. **Ya-take** (*Bambusa chino* Fr. et Sav.).
Le Ya-take atteint environ 0ᵐ,09 de circonférence et 6 mètres
de hauteur.
Il sert à fabriquer des paniers, des flèches, etc.

127. **Sarashihoso** (*Phyllostachys nigra* Munro, var. (?).

128. **Suzu-take** (*Bambusa senanensis* Fr. et Sav.).

129. **Me-take** (*Arundinaria japonica* Sieb. et Zucc.).
Le Me-take atteint environ 0ᵐ,09 de circonférence et plus
de 6 mètres de hauteur.
Il sert à faire des paniers, des montures d'écrans à mains
(Outchiwa), etc.

130. **Sarashi-take** (*Phyllostachys*, sp. (?).

131. **Mematsu-yani** (ou résine du *Pinus densiflora*).
Cette résine a été recueillie à la Conservation forestière de
Miyazaki.

132. **Mematsu-abura** (ou huile du *Pinus densiflora*).
On fabrique cette huile en cuisant la résine du *Pinus
densiflora* à la vapeur d'eau ; on fait parvenir son ébullition
à la température de 156 degés centigrades, sa densité est de
0.8623 à la température de 15 degrés centigrades.

133. **Mematsu-mochi** (ou colophane du *Pinus densiflora*).
Le résidu de la décomposition de la résine de ce bambou,
mélangée avec de l'huile de *Pinus densiflora*, sert à obtenir
un produit qui se dissout à la température de 120°; sa densité est de 1.076 à la température de 15 degrés centigrades.

CLASSE 73bis, GROUPE 8

Analyse des matières et produits agricoles du Japon.

L'École agricole et forestière de Tokio a présenté déjà deux fois, à l'époque où elle se nommait École agricole de Komaba, les analyses de sa section chimique :

1° A l'Exposition universelle et internationale de Sidney, en 1879;

2° A celle de la New-Orléans, en 1884.

Elle a été accueillie à ces deux Expositions par une opinion si favorable qu'elle est encouragée à faire accompagner de nouveau des analyses exécutées par sa section chimique les matières et produits qu'elle expose aujourd'hui.

L'École agricole et forestière, sachant qu'il est de son devoir de s'appliquer à l'étude de l'agriculture et de la dendrologie de l'Asie orientale, a poursuivi ses efforts depuis les dernières Expositions; elle reste attachée à ses recherches qui ont déjà contribué au progrès de l'agriculture japonaise et dont on trouvera ici une partie considérable.

Les travaux analytiques ont été exécutés récemment par des préparateurs et des élèves de l'École sous la direction de M. O. Kellner, professeur de chimie, et d'après des méthodes qui ont été très perfectionnées depuis les deux Expositions précédentes.

Les échantillons diffèrent par leur caractère de ceux exposés à Sidney et à New-Orléans. Il est regrettable qu'on ne puisse faire voir en nature les légumes et les feuilles de plantes ou d'arbres; les résumés analytiques en donneront toutefois une idée suffisante.

TABLEAU DES ANALYSES

Sol volcanique tufacé de Tokio :
1° Sol superficiel du champ non irrigué ;
2° Sous-sol du champ non irrigué :
3° Sol superficiel du champ irrigué ;
4° Sous-sol du champ irrigué.

	1re Sorte.	2e Sorte.	3e Sorte.	4e Sorte.
Eau	15.49	18.69	14.30	12.84
Perte par l'action du feu . .	20.01	14.90	22.30	18.79
Humus	7.90	7.17	9.96	8.89
Azote	0.80	0.60	0.489	0.799
Eau combinée avec d'autres matières	11.31	7.13	11.85	9.13

(*a*) Matières dissoutes de 100 parties de sol séché par l'action de l'acide hydrochlorique fort et froid.

	1re Sorte.	2e Sorte.	3e Sorte.	4e Sorte.
SiO^2	0.31	0.29	0.82	0.79
Al^2O^3	15.93	19.73	15.50	14.15
Fl^2O^3(*)	11.73	11.36	7.00	7.49
CaO	0.60	0.66	0.70	0.70
MgO	1.41	1.44	0.45	0.55
K^2O	0.29	0.18	0.10	0.17
Na^2O	0.17	0.13	0.14	0.01
P^2O^5	0.19	0.18	0.37	0.35
SO^3	0.11	0.12	0.18	»
TOTAL des substances dissoutes . . .	30.74	34.09	25.31	24.21

(*) On y trouve FlO.

(b) Matières dissoutes de 100 parties de sol séché par l'action de l'acide hydrochlorique fort et chaud.

	1re Sorte.	2e Sorte.	3e Sorte.	4e Sorte.
SiO² (*)	15.60	18.15	18.60	15.58
Al²O³	17.67	21.03	17.05	14.80
Fl²O³	6.79	5.06	3.95	2.65
FlO	4.03	5.87	4.71	5.31
CaO	0.76	0.90	0.90	0.80
MgO	1.70	1.74	0.66	0.62
K²O	0.27	0.26	0.32	0.26
Na²O	0.23	0.13	0.19	0.25
P²O⁵	0.34	0.39	0.49	0.40
SO³	0.27	0.11	0.16	0.08
Cl	0.07	0.09	0.03	0.03
TOTAL des substances dissoutes . . .	47.66	53.73	47.06	40.81

(*) Il s'y comprend SiO².

(c) Matières dissoutes de 100 parties de sol séché par l'action de l'acide sulfurique fort et chaud après l'extraction du sol par l'acide hydrochlorique fort et chaud.

	1re Sorte.	2e Sorte.	3e Sorte.	4e Sorte.
SiO² (*)	1.32	1.65	1.41	1.55
Al²O³	0.68	1.02	0.70	0.88
Fl²O³	0.37	0.43	0.40	0.35
CaO	0.13	0.11	0.13	0.10
MgO	0.10	0.10	0.12	0.10
K²O	0.10	0.07	0.09	0.13
Na²O	0.08	6.09	0.12	0.16
TOTAL des substances dissoutes . . .	2.78	3.47	2.97	3.27

(*) On y trouve SiO².

(d) Matières dissoutes de 100 parties de sol séché par l'action de l'acide hydrofluorique pur après l'extraction du sol par l'acide sulfurique fort et chaud.

	1re Sorte.	2e Sorte.	3e Sorte.	4e Sorte.
SiO^2	16.96	14.28	17.42	22.45
Al^2O^3	4.34	4.88	3.01	3.06
Fl^2O^3	2.11	2.22	1.40	1.87
CaO	1.42	1.47	0.94	1.01
MgO	1.34	1.16	0.70	0.79
K^2O	0.53	0.38	0.33	0.45
Na^2O	0.72	0.78	0.33	0.50
TOTAL des substances dissoutes . . .	27.42	25.17	24.13	30.13

TABLEAUX DES

Céré[ales]

NUMÉROS	NOMS			EAU
	FRANÇAIS	SCIENTIFIQUES	JAPONAIS	
5	Riz ordinaire	*Oryza sativa*	Uronchi	14.20
6	»	»	Okabo	12.77
7	Riz glutineux	» *glutinosa*	Mochi	14.48
8	Millet var (1)	*Panicum italicum*	Awa	12.04
9	Millet (2)	» *milliaceum*	Kibi	10.80
10	Sorgho (1)	*Sorghum saccharatum*	Rozokon	12.37
11	Blé	*Triticum vulgare*	Komongi	12.38
12	Avoine	*Avena sativa*	Karasu-mongi	12.05
13	»	*Coix agrestis*	Hato-mongi	12.09
14	»	*Bambusa kumasasa*	Kouma-zasa	11.98
15	Maïs	*Zea mays*	Tomorokoshi	19.27

Pois et Grains

NUMÉROS	NOMS			EAU
	FRANÇAIS	SCIENTIFIQUES	JAPONAIS	
16	Espèce de haricot de la grosseur des lentilles	*Phaseolus radiatus*	Azuki	12.20
17	Espèce de haricot	*Canavalia incurva*	Nata-mame	15.28
18	»	*Soja hispida*	Daizon	10.30
19	»	*Dolichos musiflorus*	Hatake-sasage	12.90
20	»	» *cultratus*	Sengokon-sasage	14.61
21	»	» *umbellatus*	Sasage	12.05
22	»	»	Yacco-sasage	15.21
23	Terrenoix (3)	*Arachis hypogear*	Nakin-mame	15.61
24	Sésame	*Sesanum orientale*	Goma	5.85
25	»	*Perylla ocymoides*	Yegoma	5.41
26	»	*Torreya nucifera*	Kayo-no-mi	4.96
27	Camélia commun	*Camellia japonica*	Tsoubaki	3.01
28	Grain du thé	*Thea chinensis*	Tchia-no-mi	49.34
29	»	*Rhus succedanea*	Hazi-no-mi	4.5[illegible]

(1) Sans l'écorce.
(2) Avec l'écorce.
(3) La coque non comprise.

ANALYSES *(Suite).*

	DANS 100 PARTIES DE SUBSTANCE SÉCHÉE ON TROUVE								DANS 100 PARTIES DE CENDRE PURE ON TROUVE							
Matières protéiques	Graisse	Matières fibreuses	Amidon	Matières non azotées	Cendre (non compris le carbone ni l'acide carboniq.)	Azote	Azote protéique	Potasse	Soude	Chaux	Magnésie	Oxyde de fer	Acide phosphorique	Acide sulfurique	Acide silicique	Chlore

les.

Matières protéiques	Graisse	Matières fibreuses	Amidon	Matières non azotées	Cendre	Azote	Azote protéique	Potasse	Soude	Chaux	Magnésie	Oxyde de fer	Acide phosphorique	Acide sulfurique	Acide silicique	Chlore
9.84	2.66	1.43	77.86	10.17	1.02	1.57	1.44	22.94	4.94	3.24	10.54	1.03	51.37	1.85	3.14	1.05
1.27	2.57	1.62	77.34	5.91	1.20	1.80	1.34	21.73	1.59	2.12	6.61	1.66	51.99	2.08	9.63	4.49
2.25	2.84	1.01	76.02	6.81	1.07	1.96	»	22.60	3.24	2.10	11.97	1.60	52.57	»	4.66	0.20
8.43	4.40	1.54	84.37		1.26	1.35	1.24	20.57	3.34	2.36	14.12	0.44	39.59	3.32	11.59	3.73
2.41	4.86	4.66	63.90	9.40	4.75	1.98	1.94	18.23	0.43	1.04	13.62	0.83	39.87	2.03	22.19	1.69
2.34	6.17	5.32	54.49	16.42	5.26	1.97	1.73	21.44	4.89	2.61	14.48	1.80	49.72	2.49	0.22	1.35
8.76	1.86	3.31	74.43		1.64	3.00	»	17.85	5.58	2.45	5.81	1.19	65.59	3.68	0.48	0.77
5.89	4.89	13.31	63.21		2.70	2.28	»	28.22	7.50	2.77	11.68	5.04	32.65	5.75	4.59	1.61
0.98	6.60	0.98	62.05	8.94	1.48	3.20	»	22.04	3.30	2.63	13.33	4.46	36.82	4.47	10.06	3.40
2.21	1.73	3.74	71.67	9.47	1.18	1.95	1.63	34.77	4.46	1.03	12.89	0.97	29.97	2.59	10.70	1.55
9.27	5.08	2.50	73.72	2.41	1.07	2.43	2.10	32.64	1.74	2.21	10.45	1.28	44.13	3.48	10.97	1.75

léagineux.

Matières protéiques	Graisse	Matières fibreuses	Amidon	Matières non azotées	Cendre	Azote	Azote protéique	Potasse	Soude	Chaux	Magnésie	Oxyde de fer	Acide phosphorique	Acide sulfurique	Acide silicique	Chlore
0.84	1.62	6.89	65.38	2.31	2.96	3.33	3.06	15.14	2.61	3.49	9.98	1.09	33.05	0.91	0.55	2.36
5.55	1.76	13.54	44.84	10.07	4.24	4.09	3.06	35.99	1.85	8.29	7.66	0.78	36.93	5.17	0.63	2.15
4.31	13.36	6.05	24.12	7.70	4.40	7.69	6.04	45 »	1.81	4.35	8.38	0.79	33.25	3.20	0.30	2.02
3.43	19.78	8.62	21.58		4.59	6.95	6.72	53.57	1.67	6.06	8.62	0.35	27.42	2.50	0.43	0.42
3.87	23.69	4.60	23.16		4.68	7.02	6.64	42.60	1.65	9.70	8.42	1.63	32.11	2.03	1.30	0.70
5.66	2.02	7.96	59.41		4.95	4.11	3.72	51.79	1.06	4.40	8.12	0.80	27.16	5.93	0.28	0.61
5.67	3.75	1.38	67.60		1.60	4.11	3.79	15.36	2.13	38.42	4.68	1.02	34.74	2.16	1.03	0.13
2.66	54.54	4.88	5.99		1.93	5.23	»	47.72	0.57	4 »	14.47	1.21	27.64	0.13	3.16	0.38
0.80	52.16	11.88	11.53		3.63	3.33	3.48	18.08	0.86	19.73	11.73	0.99	38.44	4.40	5.01	0.64
2.76	45.80	16.78	11.02		3.64	3.64	3.40	18.44	0.07	15.54	13.38	1.37	40.23	4.36	5.29	0.11
7.69	72.62	5.55	12.30		1.84	1.22	1.17	52.44	5.24	3.07	11.29	0.56	19.51	0.69	0.69	0.67
9.01	72.18	3.40	13.37		1.92	2.28	»	42.63	1.77	5.01	7.60	9.23	24.74	6.67	0.52	0.34
1.00	37.41	2.81	45.88		2.90	1.73	1.51	»	»	»	»	»	»	»	»	»
1.54	42.84	33.10	15.63		2.38	»	»	»	»	»	»	»	»	»	»	»

TABLEAUX DES

NUMÉROS	NOMS			EAU
	FRANÇAIS	SCIENTIFIQUES	JAPONAIS	

Légu

NUMÉROS	FRANÇAIS	SCIENTIFIQUES	JAPONAIS	EAU
Pl. III. F. 5,6,7,8.	Patate douce (a)	»	Satsuma-imo	64.27
Pl. III. F. 1,2,3,4.	»	»	Sato-imo	80.65
Pl. II. Fig. 5.	»	»	Naga-imo	8.74
Pl. II. Fig. 8.	»	»	Kashin-imo	81.10
Pl. VIII. Fig. 4.	Lys	»	Womi-yuri	71.46
Pl. II. Fig. 7.	»	»	Konnyaku	91.76
Pl. II. Fig. 1, 2.	»	»	Gobo	73.93
Pl. VIII. F. 1, 2, 3.	Jeune pousse de bambou (b)	,	Takenoko	91.37
Pl. I. F. 1,2,3,4,5.	Radis	Raphanus sativus	Daïkon	94.36
Pl. I. F. 6, 7, 8.	Navet	Brassica rapa rapif.ra	Kabu	93.06
Pl. II. Fig. 3, 4.	Carotte	Daucus carotta	Ninjin	96.78
Pl. X. Fig. 4.	Nénuphar	Nelumbo nucifera	Hasu	85.84
Pl. X. Fig. 3.	Sagittaire	Sagittaria sagittefolia	Kuwaï	66.86
Pl. VI. Fig. 4, 5.	Aubergine (1)	Solanum melongea	Nasu	93.47
Pl. VI. Fig. 9.	Espèce de potiron (1)	Cucurbita pepo	Tonasu	93.27
30	Champignon	Agaricus sp.	Matsu-take	92.50
31	»	Agaricus	Shii-take	13.49
32	Truffe	»	Shoro	91.66
33	Thé de qualité supérieure	Thea	Tchia, qualité sup^re	11.43
34	Thé de qualité inférieure	Thea	Tchia, qualité inf^re	4.48

(*) Théine 2.03. Total de substance dissoute. 38.89.
(*) — 3.42. — 40.04.
(a) Chair blanche.
(b) Sans peau.
(1) Fruit.

ANALYSES *(Suite).*

mes.

Matières protéiques	Graisse	Matières fibreuses	Amidon	Matières non azotées	Cendre (non compris le carbone ni l'acide carbonique)	Azote	Azote protéique	Potasse	Soude	Chaux	Magnésie	Oxyde de fer	Acide phosphorique	Acide sulfurique	Acide silicique	Chlore
4.12	3.00	2.74	78.59	9.80	1.75	0.66	0.46	53.27	1.17	12.78	9.23	0.68	8.48	4.84	0.64	11.89
10.81	0.91	3.63	8.24		4.41	1.60	»	66.14	0.33	4.16	6.83	1.18	91.11	4.55	4.79	3.44
11.74	0.84	4.63	79.46		3.60	1.88	1.22	57.05	1.28	6.42	9.07	2.40	9.79	7.89	1.44	7.99
5.02	7.80	3.86	8.22		1.10	0.82	»	5.70	5.39	10.09	7.77	2.70	4.83	5.90	1.82	13.09
15.79	0.83	3.66	75.70		4.02	2.53	0.77	3.50	2.78	1.59	3.23	0.41	10.21	1.51	0.54	5.83
12.50	0.98	3.67	78.43		4.42	2.00	0.42	54.52	7.22	12.48	5.28	0.87	6.68	4.80	0.19	5.76
12.34	0.49	7.47	76.54		3.16	1.97	»	41.61	1.75	10.16	19.01	2.42	8.13	6.65	0.63	10.67
25.12	2.49	11.60	51.57		9.22	4.04	1.22	57.14	3.61	6.53	2.38	1.02	10.01	5.39	6.45	6.45
24.69	1.06	13.63	54.44		9.18	3.47	1.68	34.06	12.26	13.27	5.68	4.30	7.27	15.07	2.46	6.62
21 »	0.95	13.47	55.17		9.41	3.36	1.89	39.06	14.43	11.42	4.65	1.69	6.19	13.63	1.97	5.50
13.66	3.42	4.66	69.87		8.39	2.17	0.93	23.33	28.77	18.25	5.20	5.78	12.91	0.75	0.63	4.51
7.75	1.44	7.19	78.59		5.03	1.24	0.83	42.58	12.53	30.98	5.28	1.19	13.96	8.16	1.63	10.70
21.26	1.67	3.55	96.24		4.31	3.42	2.78	62.11	9.92	1.30	3.59	0.68	14.41	4.99	0.34	1.78
11.64	1.99	17.52	62.81		5.94	1.86	1.40	48.65	10.33	5.50	4.59	2.63	12.45	5.62	2.98	7.90
16.77	2.28	7.72	65.17		8.06	2.53	1.12	21.14	56.62	0.64	3.15	0.43	11.78	3.65	»	3.22
14.68	4.05	8.86	65.66		6.73	2.35	1.19	59.22	4.10	0.42	3.28	4.09	13.42	2.34	10.23	1.09
17.54	2.85	15.86	59.92		3.83	2.88	1.96	55.55	9.67	0.98	6.45	1.24	19.20	2.73	2.26	1.48
35.60	10.34	16.64	24.88		12.84	5.70	2.95	52.56	9.12	0.87	3.14	3.86	21.67	5.53	3.34	1.92
26.87	15.64	10.89	Tannin 47.65	22.92	6.23	4.299	0.955*	36.93	9.78	3.24	12.56	8.92	15.72	7.46	1.57	2.21
40.46	9.14	11.76	20.00	12.44	6.20	6.474	2.415*	53.99	5.19	4.51	6.07	3.44	9.78	5.51	3.15	2.15

NUMÉROS	NOMS			EAU
	FRANÇAIS	SCIENTIFIQUES	JAPONAIS	

Tiges et pailles séchées et

NUMÉROS	FRANÇAIS	SCIENTIFIQUES	JAPONAIS	EAU
35	»	*Pueralia thumbergiana*	Kuzu	16.00
36	»	*Vicia cracca*	Kusafudji	17.64
37	Terrepoix (a)	*Arachis hypogœa*	Nankin-mame	77.10
38	»	*Lespedeza cyrtolifera*	Hagi	15.64
39	»	*Soja hispida*	Kari-mame	34.67
40	Espèce de millet	*Panicum crus corvi*	Hiye	14.45
41	»	*Eulolia japonica*	Kaya	18.10
42	»	*Bambusa sasa*	Sasa	»
43	Sorgho (a)	*Sorghum saccharatum*	Rozoku	46.48
44	Patate douce (2)	*Batatas edulis*	Satsuma-Imo	85.39
45	Tige d'aubergine (a)	*Solanum melogena*	Nasu-no-Kuki	20.80
46	Tige de cotonnier (3)	*Gosrypeum herbaceum*	Wata-no-Kuki	66.46
47	Riz ordinaire	*Oriza sativa*	Uruchi	10.27
48	»	*Oriza montana*	Okabo	11.69
49	Avoine	*Avena satium*	Karasu-mugi	»
50	Orge	*Hordeum vulgare*	Wo-mugi	»
51	Millet	*Panicum miliaceum*	Kibi	»
52	»	*Panicum crus corvi*	Hiye	15.88
53	Millet var.	*Panicum italicum*	Awa	15.26
54	Son	*Oriza sativa*	Nuka	12.44
55	»	»	Rengeso	14.55
	Feuille séchée du mûrier	*Morus*	Hoshita-Kuna-no-ha	81.07
	Bouton du mûrier	*Morus*	Kuwa-Tsubomi	86.06
	Feuille crue du mûrier	*Morus*	Nama-no-Kuwa-no-ha	81.07

(a) Non séché.
(2) Feuilles et tiges vertes lors de la récolte.
(3) Presque sans feuilles lors de la récolte.

NALYSES *(Suite).*

utres nourritures des bestiaux.

DANS 100 PARTIES DE SUBSTANCE SÉCHÉE ON TROUVE							DANS 100 PARTIES DE CENDRE PURE ON TROUVE								
Matières protéiques	Graisse	Matières fibreuses	Matières non azotées	Cendre (non compris le carbone et l'acide carboniq.)	Azote	Azote protéique	Potasse	Soude	Chaux	Magnésie	Oxyde de fer	Acide phosphorique	Acide sulfurique	Acide silicique	Chlore
0.83	3.10	32.74	34.72	8.61	3.33	2.72	33.42	5.35	23.26	6.03	1.81	8.12	2.78	8.88	10.54
6.49	2.60	31.76	45.40	3.84	2.624	»	33.90	8.78	24.84	5.94	2.73	9.67	2.88	4.75	6.80
6.00	4.27	20.11	50.01	7.05	2.56	1.96	20.75	3.86	40.05	13.79	1.78	5.87	3.79	3.80	6.02
7.51	4.37	34.45	36.66	7.01	2.801	2.153	17.19	0.52	31.55	4.03	2.42	6.02	2.43	25.60	1.64
8.11	3.07	39.16	31.23	8.43	2.90	2.18	43.21	11.74	19.45	10.82	2.80	4.87	3.18	3.72	1.20
7.24	1.95	35.84	47.18	7.79	1.158	0.732	17.08	3.21	6.32	5.71	2.62	3.78	3.62	5.33	6.55
8.26	2.56	40.44	44.17	4.57	1.324	0.252	22.84	1.47	10.70	1.28	0.84	4.54	2.43	47.54	3.67
2.55	2.24	41.09	37.93	16.19	2.008	0.408	6.65	1.13	2.24	1.82	0.65	1.74	1.04	82.84	2.15
4.54	2.46	»	37.31	9.39	2.327	2.043	44.21	4.64	3.75	1.73	1.62	1.50	1.81	42.08	1.13
4.44	6.60	»	46.63	6.28	1.831	1.483	39.43	5.19	21.25	8.17	3.90	5.36	7.99	3.87	7.29
7.65	»	»	37.03	9.86	2.824	1.906	40.38	7.77	22.56	8.12	1.31	7.24	2.76	3.44	6.46
4.69	»	»	21.34	10.89	0.75	0.44	9.67	6.35	10.50	17.13	9.12	14.92	12.43	9.82	8.84
5.15	»	»	44.11	6.76	0.825	0.722	10.88	1.64	3.41	2.57	0.63	1.44	1.09	77.00	2.11
6.65	»	»	41.31	7.16	1.063	0.840	9.61	1.17	1.80	1.52	0.64	0.90	0.78	80.66	2.88
6.30	»	»	37.37	7.52	0.323	»	30.25	4.17	2.97	2.43	0.77	3.34	1.10	50.19	5.37
5.00	»	»	36.52	8.08	0.801	0.736	23.59	5.63	9.88	1.10	0.96	1.91	1.65	48.58	14.95
4.09	4.27	43.84	39.85	7.96	0.655	»	31.12	1.87	3.62	9.18	1.55	3 00	3.09	33.44	13.84
0.63	2.58	41.79	35.21	9.79	1.70	1.59	16.00	2.53	5.38	9.98	1.63	5.43	6.90	41.66	3.38
6.76	1.57	38.65	43.66	9.36	1.681	0.766	16.24	2.83	6.55	»	»	»	»	»	»
6.82	19.07	10.26	43.54	10.31	2.691	0.438	»	»	»	4.37	1.95	3.65	3.02	55.28	5.43
6.81	6.05	31.62	40.08	5.44	2.689	0.279	38.44	1.90	24.28	»	»	»	»	»	»
2.40	5.61	11.40	32.62	7.97	6.784	5.084	»	»	»	»	»	»	»	»	»
0.77	4.07	12.66	33.70	8.80	6.523	3.802	»	»	»	»	»	»	»	»	»
8.03	1.06	2.16	6.17	1.51	1.285	0.962	»	»	»	»	»	»	»	»	»

TABLEAUX DES

NUMÉROS	NOMS		Eau	Matières organiques	Sable, etc.	Cendre
	FRANÇAIS	JAPONAIS				

Engrais

NUMÉROS	FRANÇAIS	JAPONAIS	Eau	Matières organiques	Sable, etc.	Cendre
56	Hareng	Nishin	9.43	74.94	3.25	12.38
57	Résidu de poissons pressés.	Shime Kasu	16.36	65.81	10.48	7.35
58	"	Ishiko	8.44	5.57	13.87	43.943
59	"	Hitode	32.68	20.87	3.08	43.394
60	"	Kanketsu-fun	12.20	83.53	"	3.28
61	Laminaria japonica . . .	Kombu	50.75	14.21	21.94	9.746

NUMÉROS	NOMS		Eau
	SCIENTIFIQUES	JAPONAIS	

Engrais et

NUMÉROS	SCIENTIFIQUES	JAPONAIS	Eau
62	*Porphyra vulgaris*	Asakusa-nori	14.40
63	*Euteromorpha compressa.*	Awo-nori	13.60
64	*Capea elongata*	Arame	13.17
65	*Alaria pinnatifolia.* . . .	Wakame	15.11

Jointes aux échantillons des analyses, sont exposées des semences de céréales et d légumes du
ces semences.

ANALYSES *(Suite)*.

et autres.

					DANS LA CENDRE, ON TROUVE :				Azote	Graisse
Potasse	Soude	Chaux	Magnésie	Oxyde de fer	Acide phosphorique	Acide sulfurique	Acide silicique	Chlore		
0.62	0.46	5.27	0.67	0.34	5.96	»	0.06	0.86	8.06	12.18
0.67	1.42	2 12	0.22	0.30	2.86	0.14	»	0.22	8.94	0.94
0.68	3.43	17.17	2.03	0.55	0.71	0.99	0.65	1.29	5.31	4.89
0.08	1.70	21.90	0.45	0.72	0.61	0.08	»	1.63	1.41	»
»	»	»	»	»	0.18	»	»	»	13.35	»
16.73	35.03	7.45	0.44	0.53	1.25	»	13.23	31.45	0.35	»

autres *(suite)*.

Cendre	Matières fibreuses	Matières azotées	Matières non azotées		DANS LA CENDRE, ON TROUVE :		
					Acide silicique	Acide phosphorique	Potasse
9.45	5.50	26.14	44.51	4.13	1.40	14.07	34.50
10.42	10.58	12.41	57.71	0.66	7.80	6.05	11.15
24.74	7.40	8.99	45.09	1.42	2.20	2.37	»
33.82	2.16	8.29	40.62	1.32	Minime	2.61	21.00

Japon, numérotées de 67 à 110 et dont les noms sont inscrits sur une carte attachée à chacune de

GROUPE 8 — CLASSE 76

Catalogue raisonné des Insectes.

COLEOPTERA

1. *Cicindela chinensis* De Geer.
   Hanmio.

2. *Cicindela japonica* Guerni Mener.
   Mitsi-oshie.

3. *Cicindela japonensis* Chaudoir.
   Espèce de **Hanmio.**

Les larves de ces insectes vivent dans la terre où elles se creusent des trous. Elles se nourrissent de petits insectes qui rampent autour de leurs demeures et font des approvisionnements du produit de leur chasse. Leurs ailes se développent vers le mois de juin ou de juillet. L'insecte devient alors parfait, il s'envole et continue ses chasses plus faciles et plus fructueuses.

4. *Calosoma Maxmowiczi* Mor.
   Gomimushi.

5. *Pterostichus procephalus.*
   Espèce de **Gomimushi.**

6. *Aninodactylus punctatipennis.*
   Espèce de **Gomimushi.**

7. *Carabus insulicola* Chaud.
   Espèce d'**Ogomimushi.**

8. *Scorites pacificus* Bates.
   Espèce d'**Ogomimushi**

9. *Chlænius pallipes* Geblar.

Espèce d'**Ogomimuski**.

10. *Chlænius costiger* Chaud.

Espèce d'**Ogomimushi**.

11. *Anisodactylus signatus* Illiger.

Espèce d'**Ogomimushi**.

12. *Tenebris ventralis*.

Espèce de **Gomimushi**.

13. *Amara chalcites*.

Sumusi.

14. *Dolichus harensis* Schaller.

Espèce de **Gomimushi**.

15. *Ptyrostichus fortis* Mor.

Espèce de **Gomimushi**.

Ces douze espèces d'insectes vivent dans les tas de fumier ou dans la terre et se nourrissent d'insectes de toutes sortes et de racines de plantes.

16. *Domaster pundulus*.

Ourikorogashi.

Il naît dans les fermes vers le mois de juillet ou d'août et cause des dégâts au Siro-ouri *(Cucumis commun)*, au melon *(Citrullus edulis)* et aux fruits des autres plantes de la famille des Cucurbitacées.

17. *Pheropsophus yessoensis*.

Mudera-hanmio.

Il vit toujours sous terre et se nourrit des racines de plantes et de petits insectes.

18. *Cabister japonicus* Sharp.

Ghengoromushi.

19. *Hydaticus Bowringi* Clark.

Espèce de **Ghengoromushi**.

Ces insectes vivent dans les eaux d'étangs et de marais, ils se nourrissent d'herbes aquatiques et d'animalcules. Les habitants de la région montagneuse les mangent à l'état de larves ou d'insectes.

20. *Necrophorus, sp.*
   Okanekakushi.

21. *Necrophorus concor.*
   Kuro-okanekakushi.

On trouve ces deux derniers insectes sur les chairs pourries des oiseaux, des animaux et des poissons, dont ils font leur nourriture.

22. *Silpha japonica.*
   Kusomushi.

23. *Silpha brunnicolis.*
   Espèce de **Kusomushi.**

Ils naissent dans les cabinets d'aisances et dans les lieux sales, vers le mois de juillet ou d'août; ils se nourrissent des excréments humains ainsi que des chevaux morts et des chairs pourries des animaux.

24. *Cryptarcha japonicus.*
   Sitentin.

25. *Helota gemmata.*
   Sabiyotsume.

Ces derniers insectes naissent au mois de juillet ou d'août: ils rongent l'écorce du Kunugi *(Quercus serrata).*

26. *Bytulus coarctatus* Harold.
   Katsubusimusi.

Cet insecte pénètre dans les chambres d'habitation, il se met dans les poissons desséchés et autres chairs desséchées d'animaux qu'il peut trouver et dont il fait sa nourriture ; il y fait la ponte de ses œufs : l'éclosion est rapide et les larves se nourrissent également de ces chairs desséchées. Il recherche de préférence le Katsubusi (bonite sèche coupée longitudinalement en quatre parties), les sardines et les chrysalides renfermées dans des cocons conservés.

27. *Lucanus maculifemoratus* Mots.

Okuwagata.

28. *Cladognathus inclanatus* Mots.

Kuwagata.

29. *Prismognathus angularis*.

Himekuwagata.

Ces trois derniers insectes apparaissent vers les mois d'août et de septembre; ils attaquent les écorces du Kumugi *(Quercus serrata)* du Saïkatsi *(Gleditschia japonica)* et du noyer.

30. *Onthophagus ater* Waterh.

Daikokumusi.

Cet insecte se montre au commencement du mois de juin; il vit sur les feuilles des plantes de la famille des Rosacées et les détruit.

31. *Aphodius nigrotesellatus* Mots.

Magushomushi.

On trouve cet insecte au printemps et au commencement de l'hiver dans les excréments des bœufs et des chevaux. Ces insectes s'envolent le soir, au crépuscule, en groupes compacts.

32. *Bolboceras nigroplagiatum*.

Zarmoushi.

33. *Phyllopertha deversa*.

Birodomoushi.

Ces deux insectes naissent dans les fermes, vers les mois de juin ou de juillet; ils rongent les feuilles de Soja-hispida et les plantes de la famille des Conifères.

34. *Geotrupes auratus*.

Shentikogane.

Il naît en août ou en septembre dans les excréments de l'homme, du bœuf et du cheval, ainsi que dans les corps des animaux morts.

35. *Adretus* sp.

Aohanamougouri.

Il naît en avril ou mai et détruit les fleurs de pêchers et de pommiers.

36. *Holotrichia parallela* Motsch.

Kouroukogane.

37. *Phylloperta orientalis* Motsch.

Kakikogane.

Ces deux insectes naissent vers août ou septembre : ils détruisent les feuilles de vigne et les plantes légumineuses.

38. *Melolontha japonica.*

Oshonguimoushi.

Il naît vers juin ou juillet, vit sur les feuilles de Kounoughi, de framboisier, etc., dont il se nourrit.

39. *Phyllopertha* sp.

Soughimousi.

Il naît aux mois de juillet et d'août et se nourrit des feuilles de pois, de vigne, de prunier, de pêcher, de pin, etc.

40. *Anomara pubicollis* C. W.

Himekakihanamougouri.

Il naît en avril et en mai, détruit les feuilles et les fleurs des plantes de la famille des Rosacées et des Cupulifères.

41. *Anomara rufocprea* Motsch.

Espèce de Kourokogane.

Il naît en juin et juillet et détruit les feuilles du sureau.

42. *Euclora cuprea.*

Doganeboniboni.

43. *Euclora albopilosa* Hope.

Daïmiomoushi.

44. *Mimela Gaschkevitchi.*

Koganemoushi.

Ces trois insectes naissent pendant l'été et l'automne : ils détruisent les feuilles de pêchers et les plantes légumineuses le houblon, etc.

45. *Popilia japonica* Neuman.

Espèce de **Kakikogane**.

46. *Adorestus tenuimaculatus*.

Kakihanamougouri.

Ces deux insectes détruisent les feuilles du Kounoughi.

47. *Xylotrupes dicotomus*.

Saïkatsimoushi.

La larve de cet insecte vit dans les ordures; elle est ailée en juin ou juillet et se transforme alors en insecte parfait, qui s'attaque aux troncs et aux branches du Saïkatsi *(Gledit-schia japonica)*, du noyer, du Kounoughi, etc.

48. *Glyciphana algyrosticta* Burm.

Kohanamougouri.

49. *Glyciphana pilifera* Motsch.

Hanamougouri.

Ces deux insectes se montrent à partir des mois d'avril et de mai; ils détruisent les fleurs de la famille des Rosacées et le Tsourououmemodoki *(Celastrus articulatus)*.

50. *Cetonia submarmorea* Burm.

Ohanamougouri.

51. *Rhombarrina japonica* Hope.

Espèce de **Ohanamougouri.**

Ces deux insectes naissent en juillet et août; ils détruisent les fleurs de toutes sortes et les troncs d'arbustes de la famille des Cupulifères.

52. *Anthrocophora rusticola*.

Kourohanamougouri.

Il détruit les fleurs des plantes de la famille des Ombelli-fères et s'attaque principalement à la carotte.

53. *Chrysochroa elegans.*

Camamousi.

La larve de cet insecte pénètre dans l'intérieur des troncs d'arbres, tels que le Keyaki *(Zelkowa Koaki),* l'Enoki (*Celtis sinensis*), dont elle ronge le bois. L'insecte devenu parfait est ailé et très beau ; les femmes le conservent dans des boîtes de toilette.

54. *Chalcaphora japonica.*

Obatamamoushi.

Il vit dans le bois, en juin ou juillet ; il ronge le tronc et les branches du pin.

55. *Corymbites pruinosus.*

Sabikikori.

56. *Lacon binodulus.*

Espèce de **Sabikikori.**

Ces deux insectes vivent aux mois de juin et de juillet sur le pin et sur les plantes de la famille des Graminées, dont ils détruisent les feuilles.

57. *Buprestis japonensis* E. S.

Espèce d'**Obatamamoushi.**

Il vit sur les plantes de la famille des Cupulifères en août et septembre.

58. *Melanotus amussitatus.*

Kometsoukimoushi.

59. *Ludius Sieboldi* Caud.

Espèce de **Kometsoukimoushi.**

Ces deux insectes vivent dans les fermes à l'état de larves et se nourrissent des racines de la patate et de blé ; devenus insectes parfaits, c'est-à-dire ailés, vers le mois d'août ou septembre, ils vivent alors sur les feuilles des plantes de la famille des Conifères.

60. *Cilesis musculus.*

Himekikori.

Il détruit la fleur du blé et des plantes de la famille des Crucifères, dans les mois d'avril et de mai.

61. *Luciola viticolis* Keisenn.

Ohotaro.

62. *Luciola picticollis* Keisenn.

Hotaro.

Ces deux insectes vivent au bord des eaux en juin et en juillet ; ils volent pendant la nuit et jettent de la lumière phosphorique par l'extrémité de la queue. Les enfants les capturent et les nourrissent dans des cages.

63. *Telephorus luteipennis* Keisenn.

Kouwanohotarotamashi.

Il naît dans les fermes de mûrier, vers les mois de mai ou de juin, et détruit les jeunes feuilles.

64. *Ceolophanus grandis* Roelofs.

Aozomoushi.

Il naît vers les mois de juin et de juillet sur les feuilles de l'érable et sur les plantes légumineuses, dont il fait sa nourriture.

65. *Dermatodes cæsicollis* Gyl.

Sirozomoushi.

Il naît sur les plantes telles que le Gobo (*Lappa major*), l'Ouda (*Aralia cordata*), l'Harikiri *(Acanthopanax ricinifolium)*, l'Yatsde (*Fatsia japonica*), etc., vers le mois de juillet ou d'août. Il se nourrit de ces plantes diverses.

66. *Cleonus acutipennis.*

Kourozomoushi.

67. *Curculis perforatus* Roelofs.

Sabizomoushi.

Ces deux insectes naissent dans les bois et se nourrissent des jeunes feuilles des plantes de la famille des Cupulifères.

69. *Phialodes rectipennis* Roelofs.

Espèce de **Zomoushi**.

70. *Rhinchites regalis* Roelofs.

Espèce de **Zomoushi**.

Ces deux insectes se montrent vers le mois de juin ou juillet ; ils détruisent les fruits des pommiers, des pêchers et d'autres plantes de toutes sortes.

71. *Calandra orizea*.

Kokouzomoushi.

Il naît toujours dans les greniers de riz et y cause de grands ravages.

72.

Azoukimoushi.

La larve de cet insecte sort de l'œuf au commencement de janvier, elle devient chrysalide au mois de juin ou de juillet ; elle est ailée et se transforme en insecte parfait en août ou septembre. Il séjourne dans les Godowns et se nourrit d'Azuki (*Phaseolus radiatus*), de Daïzon (*Soja hispida*), qui y sont conservés.

73. *Blastophagus piniperda* F.

Matsounomoushi.

Il naît sur les pins, dans les bois et les jardins vers mai ou juin ; il perce un petit trou dans le tronc afin de sucer la sève ; il fait souvent mourir de grands arbres.

74. *Philonthus scybalarius*.

Mamehaumio.

Il naît dans les fermes vers le mois de juillet ou d'août ; il détruit les feuilles rudimentaires des pommes de terre et de Daïzon, etc. Cet insecte est vénéneux et est dangereux pour les cultivateurs imprudents.

75. *Prionus insularis* Motsch.

Nokoghirimoushi.

76. *Ægosama sinicum* White.

Espèce de **Nokoghirimoushi**.

Ces deux insectes naissent sur les arbres des bois et sur les arbres fruitiers, vers les mois de juin ou de juillet; ils piquent et rongent les troncs, les branches, etc.

77. *Stenigrinum 4-notatum* Betes.

Yotsoushomoushi.

Cet insecte apparaît à partir du commencement du mois de mars ; il ronge la partie ligneuse du châtaignier, du Kounoughi, etc. Les œufs éclosent vers le mois d'août. Les larves qui en sortent séjournent et vivent dans la partie ligneuse de l'arbre; elles deviennent chrysalides en décembre ou janvier ou même février de l'année suivante. Ces insectes sont ailés en mars et se transforment en insectes parfaits à cette époque.

78. *Callichroma tenautum* Bates.

Aohanmio.

Il naît en août ou septembre et vit sur les feuilles des arbres dans les bois. Cet insecte est vénéneux et très dangereux.

79. *Clytanthus chinensis* Chev.

Toramoushi.

Il ronge la partie ligneuse et l'écorce du mûrier. Il apparaît en septembre et en octobre.

80. *Melananster chinensis* Forster.

Kuwanokamikiri.

81. *Apriona rugicollis* Chevr.

Kamikirimoushi.

Ces deux insectes naissent en juillet ou août: ils rongent les troncs et les branches du mûrier, du noyer, du pommier, du figuier, etc. Leurs larves sont déposées suivant des galeries dans les troncs de ces arbres : elles s'y développent.

82. *Oberea japonica* Thunb.

Kikoushuidamashi.

Il naît en juin ou juillet; il détruit les branches des rosiers.

83. *Chreonoma fortunée* Thunb.

Baranokamikiri.

Il naît en juin ou juillet et détruit les branches des rosiers et des Doboukourio.

84. *Phytœcia centralis* Chevr.

Kikoushoni.

Il naît vers le mois de juin et détruit les tiges rudimentaires des chrysanthèmes.

85. *Plogiodera distincta* Baly.

Sanshionome.

Il naît vers le mois de septembre ou d'octobre sur les feuilles des navets et du houblon qu'il détruit.

86. *Crioceris subpalita* Motsch.

Sankirainomoushi.

Il naît à la fin de juin et au commencement de juillet et détruit les feuilles du Doboukouria.

87. *Aulacophora femoralis* Motsch.

Ouribae.

Il naît du mois de mai au mois d'août ou de septembre, vit sur la feuille du melon, du concombre, du Kiuri (*Cucumis commun*) et d'autres plantes de toutes sortes de la famille des Cucurbitacées. Il détériore les jeunes bourgeons et les feuilles.

88. *Galeruca sagittariæ* Gill.

Yososhomenomoushi.

La larve naît vers la fin d'avril, pénètre sous la terre au milieu du mois de mars, y file le cocon, devient chrysalide, est ailée et se transforme en insecte parfait au mois de juin ou de juillet. La larve et l'insecte détériorent les feuilles de Gamazomi (*Viburnum dilatatum*) et de Gomachi (*Viburnum Sieboldi.*)

89. *Aulacophora nigripennis* Motsch.

Modaïonomoushi. .

La larve sort de l'œuf au commencement du mois de mai ; elle vit sur la feuille de Madaïo (*Rumex aquaticus*, var.), de Skampo (*Rumex acetosa*), elle pénètre sous la terre au commencement du mois de juin, y file le cocon, devient chrysalide, est ailée vers le mois d'août ou de septembre et se transforme en insecte parfait et retourne sur les feuilles des plantes indiquées ci-dessus.

90. *Chrysomela aurichalcea* Gebl.

Hannokimoushi.

La larve sort de l'œuf au commencement de juin, pénètre sous terre au milieu de juillet, y fait le cocon, devient chrysalide, est ailée et se transforme en insecte parfait à la fin de juillet ou en août. La larve et l'insecte vivent sur les feuilles de Hannoki (*Alnus maritima*) et les détériorent.

91. *Epilachna 28-punctata* F.

Tentomoushidamashi.

Il naît en août ou septembre dans les pommes de terre, dont il ronge les feuilles et les tiges.

92. *Epirachna admirabilis* Crach.

Espèce de **Tentomoushi.**

Il naît vers le mois d'août, se tient sur la feuille de la plante, fait la chasse aux pucerons et autres petits animaux dont il se nourrit.

93. *Coccinella, 18-punctata* Scop.

Tentomoushi.

94. *Coccinella, 7-punctata.*

Espèce de **Tentomoushi.**

95. *Ptyconatis axyridis* Pallas.

Espèce de **Tentomoushi.**

96. *Chilocorus tristis* Fald.

Himetentomoushi.

Ces quatre insectes vivent sur les plantes qu'ils rencontrent dans les montagnes et dans les champs. Ils se nourrissent de plantes de toutes sortes.

97. *Aspidomorpha difformis* Motsch.

Jingashamoushi.

Il abîme les feuilles du Yomoghi (*Artemisia vulgaris*).

HYMENOPTERA

1. *Vespa* sp.

Hatsi.

Il vole dans les champs, se nourrit d'insectes nuisibles, abîme la pomme, la poire, le raisin et autres fruits de la famille des Cucurbitacées ; il fait son nid au bord des toits des habitations ou dans la bruyère, vers le mois de juillet ou d'août. Les œufs éclosent rapidement et deviennent des chrysalides au bout de quatre semaines, les ailes viennent au bout d'une semaine. Les insectes se dispersent alors.

2. *Poristes-gallica* F. (?).

Biwabatsi.

Il vole dans les montages et les champs, suce le miel des fleurs et les fruits.

3. *Vespa* sp.

Torabatsi.

Il niche sous le bord des toits des habitations ou dans le tronc pourri des arbres des bois ; il fait la ponte en été ou en automne. Les œufs éclos, les larves deviennent insectes parfaits. Ils attaquent les fruits de toutes sortes et rongent les arbres à sève abondante pour la sucer. Cet insecte est la plus grande espèce de *Vespa* du Japon ; on trouve quelquefois des nids ayant une brassée de circonférence.

4. *Bembex* sp.

Songaribatsi.

5. *Bembex* sp.

Tsoutsibatsi.

6. *Eucera* (?).

Espèce de **Tsoutsibatsi.**

Ces trois insectes s'assemblent en foule sur les fleurs de la famille des Crucifères vers les mois de mars, avril et mai. Ils sucent le miel de ces plantes.

7. *Bombus silvarum* L. (?).

Kimaroubatsi.

8. *Bombus* sp. (?).

Maroubatsi.

Ces deux insectes sucent le miel des fleurs de toutes sortes.

9. *Pompilus* sp.

Soumakakibatsi.

Il vit dans la terre, en sort en été afin d'y transporter pour sa nourriture les larves d'insectes de toutes sortes.

10. *Scolia* sp.

Tokkouribatsi.

On le trouve, vers le mois de juillet et d'août, dans les branches des haies ou dans les arbres morts. Il transporte dans sa retraite les larves des insectes de toutes sortes et ferme l'ouverture de son trou après y avoir fait sa ponte. La larve sortant de l'œuf se nourrit des larves conservées. Il lui faut une année pour devenir ailée et insecte parfait.

11. *Mellinus* sp.

Jigabatsi.

Il niche dans les trous qu'il creuse dans la terre et dans lesquels il fait la ponte de ses œufs. Il poursuit les araignées et les autres insectes avec lesquels se nourrissent les larves.

12. *Trogus* sp.

Espèce de **Kisheibatsi.**

Il est ailé vers le mois d'août, fait la ponte dans les larves des papillons de nuit. L'œuf éclot et la larve qui en sort fait mourir la larve du papillon.

13. *Tœnus* sp.

Espèce de **Kisheibatsi.**

La larve vit en parasite sur la larve du papillon ; elle est ailée au commencement du mois de juin, époque à laquelle elle se transforme en insecte parfait.

14. *Pimpla,* sp. (?).

Espèce de **Kisheibatsi.**

La larve vit au mois d'août, en parasite, attachée à la larve de l'*Attacus* ; elle devient chrysalide au commencement du mois de décembre ; les ailes la transforment en insecte parfait au commencement d'avril suivant.

15. *Doleus* sp.

Kabourabatsi.

La larve sort de l'œuf au commencement d'août ; elle se nourrit de navets, de radis, de colza, etc. ; elle devient chrysalide au commencement de septembre et est ailée et se transforme en insecte parfait au bout de deux semaines.

16. *Cimbex,* sp. (?).

Rouricobatsi.

La larve sort de l'œuf au commencement d'octobre, elle attaque les feuilles de l'*Azalea,* devient chrysalide au commencement de novembre, est ailée et se transforme en insecte parfait à la fin du mois de mai suivant.

17. *Cimbex,* sp. (?).

Tiorenjibatsi.

La larve sort de l'œuf au commencement du mois de juin, devient chrysalide au commencement du mois de juillet, s'accouple à l'état d'insecte parfait à la fin du même mois et fait la ponte. L'œuf éclot de nouveau pour donner la vie à la nouvelle larve, qui devient chrysalide au commencement de janvier, est ailée et se transforme en insecte parfait au mois de mai de l'année suivante.

18. *Formica* sp.

Kouma-ari.

19. *Formica* sp.

Ari.

Ces deux insectes demeurent sous la terre, dans les jardins; ils se nourrissent de petits animaux de toutes sortes et de miel.

20. *Apis,* sp. (?).

Mitsoubatsi.

Cet insecte récolte le miel des fleurs; il est élevé par les agriculteurs. Il vit dans le trou des troncs d'arbres pourris ou dans les anfractuosités de roches. Ces insectes vivent en groupes composés d'ouvrières et d'une reine. On les élève dans des barils ou dans des caisses carrées.

LEPIDOPTERA

1. *Papilio machaon.*

Ki-agheha.

On rencontre la larve de cet insecte à partir du commencement de mai; elle se nourrit de feuilles d'anis *(Feniculum vulgare)*, etc., devient chrysalide à la fin du même mois et se transforme en papillon au milieu du mois de juin.

2. *Papilio xusthus.*

Aghehanotio.

La larve paraît aux mois de septembre et d'octobre et détériore les feuilles du *Citrus,* dont elle se nourrit; elle devient chrysalide, passe l'hiver sous cette forme et se transforme en papillon au commencement du mois de mai de l'année suivante.

3. *Papilio demetrius.*

Kouro-agheha.

Les larves de cet insecte apparaissent deux fois par an, au mois de juin et au mois d'octobre; elles se nourrissent du *Citrus* et du Sansho *(Zanthoxylum piperitum)*, etc. La transformation a lieu en mai ou en juillet.

4. *Papilio alcinous.*

Yamajoro.

La larve sort de l'œuf pendant le mois de mai : elle se nourrit du Mumunoshouzoukousha *(Aristolochia debilis)*, devient chrysalide au milieu de juin et se transforme en papillon à la fin du même mois.

5. *Papilio sarpedon.*

Aozoutsi agheha.

La larve sort de l'œuf au mois de juin ; elle ronge le camélier *(Cinnasnomum camphora)*, devient chrysalide au milieu de juillet et se transforme en papillon au commencement du mois d'août.

6. *Calias hyale.*

Monkitio.

7. *Pieris rapæ.*

Monshirotio.

Les œufs éclosent deux fois par an, aux mois de juin et d'octobre. La larve se nourrit de chou et de Washabi. La première génération de larves termine sa croissance et se transforme en chrysalide au commencement du mois de juillet ; le papillon fait sa ponte à la fin du même mois. La larve qui sort de l'œuf au mois d'octobre passe l'hiver à l'état de chrysalide ; elle se transforme en papillon au mois d'avril de l'année suivante et fait sa ponte à cette époque.

8. *Anthocharis scholyma.*

Tsoumakishirotio.

La larve sort de l'œuf au mois de mai ou juin ; elle ronge les plantes de la famille des Crucifères, devient chrysalide à la

fin du mois de juin et au mois de juillet, passe l'hiver en
cet état et se transforme en papillon au mois de mars ou
d'avril, époque à laquelle l'insecte fait sa ponte.

9. *Terius mandarina.*

Kitio.

La larve sort de l'œuf à la fin du mois de juin ou de juillet ; elle ronge les plantes de la famille des Crucifères, devient
chrysalide, puis se transforme en papillon au mois de mai ou
de juin de l'année suivante.

10. *Terius jægeri.*

Tsoumakourokitio.

La larve sort de l'œuf au mois de juin ou juillet ; elle
ronge les plantes de la famille des Crucifères, devient chrysalide, puis se transforme en papillon au mois d'avril ou de
mai de l'année suivante.

11. *Lethe sicilis.*

Higaghetio.

La larve sort de l'œuf au mois de juillet ; elle ronge le
bambou, devient chrysalide, puis se transforme en papillon
au mois de juin de l'année suivante.

12. *Argynnis adippe.*

Hiokodaratio.

La larve sort de l'œuf au mois de juillet ; elle se nourrit
des plantes de la famille des Saxifragées, devient chrysalide
au mois d'août ou de septembre et se transforme en papillon
au mois de juin de l'année suivante.

13. *Ypthima argus.*

Tsoukihitio.

La larve sort de l'œuf au mois d'août ou de septembre ; elle
vit sur l'Outsoughi *(Dentzia sieboldiana)*, dont elle ronge les
feuilles ; elle devient chrysalide au mois de septembre ou
d'octobre et se transforme en papillon au mois de juin ou de
juillet de l'année suivante.

14. *Satyrus bipunctatus.*

Janometio.

La larve sort de l'œuf vers le mois de juin ou de juillet ; elle se nourrit des plantes de la famille des Graminées, devient chrysalide au mois de juillet ou d'août et se transforme en papillon au mois de juin de l'année suivante.

15. *Apatura illyia.*

Komourashakitio.

La larve sort de l'œuf vers le mois de juillet ou d'août ; elle se nourrit du Kounoughi *(Quercus serrata)* et se transforme en papillon au mois d'août ou de septembre.

16. *Euripus japonica.*

Gomamadara.

La larve sort de l'œuf au mois d'avril ; elle se nourrit des feuilles de pommiers et se transforme en papillon aux mois de mai et de juin.

17. *Euripus charanda.*

Mourashakitio.

La larve sort de l'œuf au commencement du mois de mai, ronge les bambous, devient chrysalide au commencement de juin et se transforme en papillon à la fin du même mois.

18. *Neptis aceris.*

Mishonjitio.

Ce papillon se montre dans le mois de juin.

19. *Vanessa C. aureum.*

Kohayaba.

Ce papillon se montre au mois d'août ou de septembre.

20. *Vanessa C. xanthomelas.*

Hiodoshitio.

La larve sort de l'œuf au commencement du mois de mai ; elle vit sur le pommier et se nourrit de ses feuilles, devient chrysalide au commencement du mois de juin et se transforme en papillon à la fin du même mois.

21. *Vanessa glauconia.*

Rourishoudzitaleba,

La larve sort de l'œuf au commencement du mois de septembre, devient chrysalide au commencement du mois d'octobre et se transforme en papillon à la fin du même mois.

22. *Amblypadia japonica.*

Rourishizimi.

La larve sort de l'œuf à la fin de juillet, vit sur l'oseille et se transforme en papillon au mois d'août.

23. *Chrysophanus chinensis.*

Benishizimi.

La larve sort de l'œuf à la fin de juillet ou au commencement d'août, vit sur le trèfle et se transforme en papillon à la fin d'août.

24. *Lycaona argia.*

Kouroshizimi.

La larve sort de l'œuf à partir de la fin de juillet, elle vit sur l'oseille et se transforme en papillon vers le mois d'août.

25. *Isotenion pellucida.*

Hanaceceri.

La larve sort de l'œuf au mois de juin; elle se nourrit des feuilles du riz qu'elle mêle au tissu qu'elle file et où elle s'enfermera à l'état de chrysalide au milieu du mois de juillet. Le papillon apparaît fin du même mois.

26. *Pyrgus flava.*

Kihanaceceri.

Ce papillon se montre entre les mois de juin et de septembre.

27. *Nisoniades montanus.*

Yamahanaceceri.

Ce papillon se montre entre les mois de juin et de septembre.

28. *Protoparce orientalis* But.

Ebikaratio.

La larve sort de l'œuf pendant les mois de septembre et
d'octobre, elle se nourrit des feuilles de Tsourouma (*Tetragonia
expansa*), de patates, etc., puis elle pénètre sous terre, y devient
chrysalide au mois de novembre et se transforme en papillon
de nuit au mois de juin ou de juillet de l'année suivante.

29. *Diludia increta* Walker.

Gomanotio.

La larve sort de l'œuf au mois de juillet ou d'août; elle se
nourrit des feuilles de sésame, elle pénètre sous terre à sa
maturité, à la fin d'août, devient chrysalide et puis se transforme en papillon au mois de septembre.

30. *Chœrocarpa nessus* Drury.

Espèce de **Kibetto**.

La larve sort de l'œuf au mois d'août; elle se nourrit des
feuilles de vigne, pénètre sous terre à sa maturité au mois
de septembre ou d'octobre, devient chrysalide, passe l'hiver
dans cet état et se transforme en papillon vers le mois de
juin ou de juillet.

31. *Chœrocampa japonica* Boisd.

Kibetto.

La larve sort de l'œuf au mois d'août; elle vit sur la vigne.
la patate, le Yaboukarashi (*Vitis pentaphylla*), pénètre sous
terre à sa maturité à la fin de septembre, devient chrysalide
au bout d'une semaine et se transforme en papillon au mois
de mai de l'année suivante.

32. *Laphura Hylas* But.

Hekoushokatsouranotio.

La larve sort de l'œuf à la fin du mois d'août; elle vit sur
le Hekoushokatsoura (*Pœderia fœtida*), dont elle utilise les
feuilles pour faire le nid où elle deviendra chrysalide à la fin
de septembre. Le papillon apparaît au milieu du mois d'octobre.

33. *Hemaris radianus* Walker.

Ominameshitio.

La larve sort de l'œuf au commencement de septembre; elle se nourrit des feuilles d'Omina-eshi *(Patrinia scabiosœfolia)* pénètre sous terre à sa maturité au commencement d'octobre, devient chrysalide et se transforme en papillon au milieu du mois de juin de l'année suivante.

34. *Cephanadis hylas.*

Akitsoubame.

La larve sort de l'œuf au commencement d'août; elle vit sur le jasmin du Cap *(Gardenia florida)*, pénètre sous terre à sa maturité au mois de septembre, devient chrysalide et se transforme en papillon au commencement d'octobre.

35. *Sciapteron regale* But.

Kama-ebitio.

La larve perce des trous dans le tronc de la vigne sauvage *(Vitis heterophylla),* où elle vit et dont elle se nourrit, elle ferme l'ouverture du trou avec des fils de soie; devenue chrysalide, elle se transforme en papillon au milieu du mois de juin.

36. *Northia tenuis* But.

Takenokourotio.

La larve sort de l'œuf au commencement du mois de juillet, ronge le bambou *(Arundinaria japonica)*, file à sa maturité un cocon ovale et brun au mois de juillet, devient chrysalide et se transforme en papillon à la fin du même mois.

37. *Syntomis Fortunei* Boid.

Kanokotio.

La larve sort de l'œuf au mois d'avril; elle vit sur le Shidomi *(Pyrus japonica)*, devient chrysalide à sa maturité au commencement de juin et se transforme en papillon à la fin du même mois.

38. *Pryeria sinica* Moore.

Mashakitio.

La larve sort de l'œuf à la fin de mars; elle se nourrit des feuilles du fusain *(Enonymus japonica)* et de Hishakaki *(Eurya japonica)*; au mois de mai, elle devient chrysalide dans le cocon qu'elle file entre les feuilles et se transforme en papillon au mois d'octobre ou de novembre.

39. *Pidorus atratus*.

Hotaroutio.

La larve sort de l'œuf au milieu du mois de mai: elle se nourrit des feuilles du fusain et du mûrier, devient chrysalide au commencement de juin et se transforme en papillon à la fin du même mois ou au commencement de juillet.

40. *Pidorus*, sp. (?).

Rouritamanohotaroutio.

La larve sort de l'œuf au commencement de mai, elle vit sur le Rouritamanoki *(Danmacanthus major)*, devient chrysalide à la fin du même mois et se transforme en papillon au milieu du mois de juin.

41. *Lithosia* sp.

Torafoukemoushitio.

La larve sort de l'œuf au milieu du mois d'avril: elle vit sur le châtaignier, l'érable, le framboisier, le prunier, etc., dont elle ronge les feuilles; elle devient chrysalide au mois de juin ou de juillet et se transforme en papillon au commencement d'août.

42. *Alumenes interiorata*.

Foukourokemoushitio.

La larve sort de l'œuf au commencement de mai; elle vit sur le Kounughi *(Quercus serrata)*, se nourrit de ses feuilles, devient chrysalide à la fin de mai et se transforme en papillon au bout de deux semaines.

43. *Arctia caja*.

Odorikotio.

La larve sort de l'œuf au mois d'avril; elle vit sur l'Odorikosho, le mûrier et la chrysanthème, au mois de juin devient chrysalide sous la terre dans un cocon grossier et se transforme en papillon au mois d'août ou de septembre.

44. *Areas lactinia* Cram.

Kiojoro.

La larve sort de l'œuf au mois de juin ; elle vit sur le maïs, les pois *(Soja hispida)*, le Mishohaghi *(Cytrum virgatum)*, etc., devient chrysalide dans le cocon, sous terre, à la fin de juillet et se transforme en papillon au mois d'août.

45. *Spilarctia imparilis* But.

Siojokemoushitio.

La larve sort de l'œuf à la fin de juin ; elle vit sur le sureau, le Yabukarashi *(Vitis pentaphylla)*, devient chrysalide dans le cocon grossier qu'elle file sur la terre, à la fin de juillet, et se transforme au commencement de septembre.

46. *Spilarctia ione* But.

Himejoro.

La larve sort de l'œuf à la fin d'août ; elle vit sur le mûrier, pénètre sous terre à sa maturité, au commencement d'octobre y file un cocon grossier, s'engourdit, devient chrysalide et se transforme en papillon au mois de mai ou de juin de l'année suivante.

47. *Spilosoma leucothorax* F.

Gomafouyotio.

La larve sort de l'œuf vers le milieu du mois de mars ; elle vit sur le colza, le mûrier, etc. ; elle pénètre sous terre à sa maturité, au milieu du mois de mai, devient chrysalide et se transforme en papillon en septembre.

48. *Porthesia auriflua* Hub.

Kouwanoshirotio.

La larve sort de l'œuf au milieu du mois d'avril ; elle vit sur le mûrier, l'amandier, le cerisier, etc., devient chrysalide au milieu ou à la fin de mai et se transforme en papillon au milieu de juillet.

49. *Artaxa intensa* But.

Tiakemoushitio.

La larve sort de l'œuf au milieu du mois d'avril ; elle vit sur le thé, devient chrysalide dans le cocon brun qu'elle file à terre et se transforme en papillon au commencement de juillet.

50. *Leucoma auripes* But.

Mizoukinoshirotio.

La larve sort de l'œuf à la fin du mois d'avril, se nourrit des feuilles de *Cornus macrophylla*, devient chrysalide à sa maturité, à la fin de mai et se transforme en papillon à la fin de juin.

51. *Cifuma locuples* Walk.

Jijikemoushitio.

La larve sort de l'œuf au mois de juin ou de juillet; elle se nourrit des feuilles de *Soja hispida*, d'Outsghi *(Dentzia sieboldiana)*, devient chrysalide à sa maturité, à la fin de juillet ou d'août, et se transforme en papillon entre la fin de juin et la fin d'août.

52. *Lymantria dispar.*

Sira-oïtio.

La larve sort de l'œuf au milieu d'avril; elle se nourrit des feuilles d'Enoki *(Celtis sinensis)*, de Kounaaghi *(Quercus serrata)*, etc., devient chrysalide à sa maturité au mois de juin et se transforme en papillon au mois de juillet.

53. *Dymantria aurora* But.

Narakemoushitio.

La larve sort de l'œuf au milieu du mois de mai; elle se nourrit des feuilles de Nara, de châtaignier, de Konara *(Quercus glandulifera)*, etc., devient chrysalide à sa maturité à la fin de juin et se transforme en papillon au milieu de juillet.

54. *Clisiocampa neustra.*

Momokemoushitio.

La larve sort de l'œuf au commencement du mois d'avril; elle vit sur le pêcher, le prunier, le Mumé (variété d'amandier), le rosier, le pommier, etc.; elle file son cocon à la fin de mai, devient chrysalide et se transforme en papillon à la fin de juin.

55. *Apha Tychoona* But.

Souikatsouratio.

La larve sort de l'œuf aux mois de mai et de juin; elle se nourrit des feuilles de Tanioutsoughi *(Diervilla versicolor)*, de Souikazoura *(Lonicera japonica)*, devient chrysalide au mois de juin ou de juillet et se transforme en papillon, de la fin d'août au milieu de septembre.

56. *Odonestes albomaculata*.

Simantaronotio.

La larve sort de l'œuf à la fin d'avril; elle vit sur le bambou *(Arundinaria japonica)*, le Totsi *(Desculus turbinata)*, devient chrysalide fin mai ou commencement de juin et se transforme en papillon au milieu ou à la fin de juin.

57. *Lasiocampa quercifolia*.

Momotio,

La larve sort de l'œuf à la fin d'avril ou au commencement de mai; elle vit sur le pêcher, le Mumé, le châtaignier, le saule, etc., devient chrysalide fin mai et se transforme en papillon au milieu de juin.

58. *Adonestes superans* But.

Matsoukemoushitio.

La larve sort de l'œuf fin mai; elle se nourrit de feuilles de pin, devient chrysalide fin juin et se transforme en papillon à la fin de juillet.

59. *Aeona excellens* But.

Koharoutio.

La larve sort de l'œuf vers la fin d'avril et le commencement de mai; elle se nourrit du Kounoughi *(Quercus serrata)*, de l'Oushikoroshi *(Photinia villosa)*, du Totsi *(Æsculus turbinata)*, du Hashibami *(Corylus heterophylla)*, etc., dont elle mêle les feuilles au cocon qu'elle file; elle devient chrysalide à la fin d'août ou au commencement de septembre et se transforme en papillon au milieu et à la fin d'octobre.

60. *Antherœ Yamamai (Bombyx Yamamaï).*

Yamama-u.

La larve sort de l'œuf au milieu d'avril, file le cocon à sa maturité à la fin de juin ou au milieu de juillet, devient chrysalide et se transforme en papillon à la fin d'août ou au commencement de septembre. On peut faire du beau fil de bonne qualité avec le cocon. La nourriture de cette larve se compose des feuilles de Kounonghi, de Totsi, de chêne, etc.

61. *Caligula japonica* Moore.

Sirgataro.

La larve sort de l'œuf à la fin d'avril; elle vit sur le châtaignier; son cocon est formé de mailles et percé d'un trou ; elle le tisse au mois de juin, devient chrysalide, se transforme en papillon au mois d'août ou de septembre et fait sa ponte. Le cocon est employé pour la fabrication du fil de soie.

62. *Caligula Janasi* But.

Kourouminoshoukashitawara.

La larve sort de l'œuf au milieu d'avril; elle vit sur le noyer, le Niwamume *(Primus japonica)*, l'Onara *(Quercus crispula)*, le Keyaki *(Zekowa Keaki)*, le Kamazoumi *(Viburnum dilatum)*, l'Outsonghi (*Deutzia Sieboldiana*), le Mizouki *(Cornus macrophylla)*, le Hamoroki *(Alnus maritima)*; elle devient chrysalide au milieu de juin, se transforme en papillon au milieu d'octobre et fait sa ponte. On peut obtenir le fil de soie avec la glande de la soie.

63. *Rhodia fugax* But.

Yamagamashoutio.

La larve sort de l'œuf à la fin d'avril ; elle vit sur le Kounonghi; elle tisse un cocon vert, y devient chrysalide et se transforme en papillon à la fin de novembre. On peut se servir du cocon pour faire du fil de lignes de pêche.

64. *Brahmia japonica.* But.

Ho-otio.

La larve sort de l'œuf dans les premiers jours de mai ; elle vit sur l'Ibota (*Ligustrum ibota*) et le Nezoumimotsi (*Ligustrum japonicum*) ; elle pénètre sous terre au milieu ou à la fin de juin, y devient chrysalide pour passer l'hiver et se transforme en papillon à la fin d'avril de l'année suivante.

65. *Saturina mylitta.*

Sakoushannotio.

La larve sort de l'œuf à la fin de mai et d'août; elle se nourrit de feuilles de Kounonghi, de Totsi, de Konara, de Kashiwa, de chêne, etc.; elle file son cocon à la fin de juillet et se transforme en papillon au milieu du mois d'août; la ponte a lieu et de ces œufs sortent de nouvelles larves à la fin du même mois. Ces dernières filent leurs cocons au commencement du mois d'octobre, deviennent chrysalides et se transforment en papillons au commencement du mois de mai de l'année suivante et exécutent la ponte.

66. *Attacus Pryeri* **But.**

Sinjutio.

La larve sort de l'œuf à deux époques, soit à la fin de juin, soit au mois d'août; elle se nourrit des feuilles d'ailante, de sumac. La première génération file le cocon à sa maturité, à la fin de juillet ou au commencement d'août, devient chrysalide et se transforme en papillon au commencement du mois d'août et exécute la ponte. L'œuf de cette larve éclot à la fin d'août et la nouvelle larve file son cocon à sa maturité, au commencement d'octobre, passe l'hiver en cet état, se transforme en insecte ailé à la fin de juin ou au commencement de juillet de l'année suivante et exécute la ponte; on peut faire du fil de soie avec ce cocon.

67. *Stilphotia salicis.*

Uga-ohiotan.

Sa larve sort de l'œuf au commencement de juin ; elle vit sur l'*Andromeda japonica* ; elle descend à terre à la fin de juillet, y file son cocon, devient chrysalide et se transforme en papillon au mois d'avril de l'année suivante.

68. *Dicranura ficula*. But.

Yanaghinoshankakoumoushitio.

La larve sort de l'œuf au milieu du mois de mai ; elle vit sur le saule, dont elle mêle le bois réduit en poussière à son cocon; elle devient chrysalide et se transforme en papillon au mois d'avril de l'année suivante.

69. *Notodonta*, sp. (?).

Kourionghino-imomoushitio.

La larve sort de l'œuf au mois d'août ou de septembre; elle se nourrit des feuilles de Kounonghi: elle pénètre sous terre à sa maturité, au commencement d'octobre, y file le cocon, devient chrysalide, passe l'hiver dans cet état, et se transforme en papillon au mois de juin ou de juillet de l'année suivante.

70. *Bombyx*, sp. (?).

Kourokonotio.

La larve sort de l'œuf au mois d'avril ; elle vit sur le mûrier: elle file son cocon à sa maturité, à la fin de mai, devient chrysalide et se transforme en papillon au mois de juin ou d'août; on peut fabriquer du fil de soie de qualité inférieure avec ce cocon.

71. *Bombyx Mori*.

Kaikonotio.

La larve (ver-à-soie) sort de l'œuf à la fin du mois d'avril ou au commencement du mois de mai ; elle se nourrit des feuilles du mûrier, file son cocon à sa maturité, à la fin de mai ou au commencement de juin, devient chrysalide et se transforme en papillon au bout de deux semaines. On obtient du fil de soie de bonne qualité avec ce cocon.

72. *Phalera flavescens* Brem.

Sakouratio.

La larve sort de l'œuf au mois d'août; elle vit sur le cerisier, le Sanzashi *(Cratægus cuneata)*, le néflier; elle pénètre sous terre à sa maturité, au milieu de septembre, devient chrysalide au bout d'une semaine et se transforme en papillon.

73. *Clastera*, sp. (?).

Siwashontio.

La larve sort de l'œuf au commencement du mois de mai; elle se nourrit des feuilles de Kounonghi; elle pénètre sous terre au milieu de juin, y file son cocon, devient chrysalide et se transforme en papillon au milieu du mois de novembre.

74. *Clastera anachoreta* Fab.

Yanghinokemoushitio.

La larve sort de l'œuf au milieu du mois de mai ; elle vit sur le saule, dont elle mêle les feuilles à son cocon ; elle devient chrysalide et se transforme en papillon à la fin du mois de juin.

75. *Datanoides*, sp. (?).

Kashinohadakamoushitio.

La larve sort de l'œuf au milieu du mois de juin; elle vit sur le chêne dont elle roule les feuilles au milieu du mois de juillet pour y enfermer son cocon; elle devient chrysalide et se transforme en papillon à la fin du même mois.

76. *Oreata pulchripes* But.

Kamazoumino-imomoushitio.

La larve sort de l'œuf à la fin du mois d'avril. elle vit sur le Kamazoumi *(Viburnum dilatatum)*, entre les feuilles duquel elle file son cocon à la fin du mois de mai; elle devient chrysalide et se transforme en papillon au milieu de juin.

77. *Urapteryx maculicandaria* Mots.

Kiratio.

La larve sort de l'œuf au commencement du mois d'avril; elle vit sur l'Inougaya *(Cephalotaxus drupacea)*, entre les feuilles duquel elle file son cocon, devient chrysalide et se transforme en papillon au milieu ou à la fin de juin.

78. *Hemilophila atrilineata* But.

Koumokatatio.

La larve sort de l'œuf vers le mois d'août ou de septembre; elle se nourrit des feuilles de mûrier et ne parvient à sa maturité qu'au mois de mai de l'année suivante; elle tisse un cocon grossier avec un fil brun, devient chrysalide et se transforme en papillon au milieu du mois de juin.

79. *Opthalmodes cretacea* But.

Hamanatsumetio.

La larve sort de l'œuf vers le mois de juillet ou d'août ; elle se nourrit des feuilles de nerprun *(Paliarus anbletia)* d'armoise *(Artemisa vulgaris)*, etc; elle s'enfouit sous terre à sa maturité, vers le mois de septembre ou d'octobre; elle devient chrysalide et se transforme en papillon au mois de mai de l'année suivante.

80. *Boarmia,* sp. (?).

Matsounoshiakoutoritio.

La larve sort de l'œuf à la fin de juillet ou au commencement d'août; elle se nourrit des feuilles du pin *(Pinus parviflora)*, pénètre sous terre à sa maturité, à la fin d'août, devient chrysalide et se transforme en papillon au milieu de septembre.

81. *Abraxas,* sp. (?).

Mizoukinohamakitio.

La larve sort de l'œuf au commencement d'août ; elle se nourrit des feuilles du Mizouki *(Cornus macrophylla)*, devient chrysalide au commencement de septembre dans les feuilles qu'elle a réunies avec les fils de son cocon et se transforme en papillon à la fin du même mois.

82. *Veaxa textilis.*

Ibotanomadaratio.

La larve sort de l'œuf au commencement d'octobre, elle vit sur l'Ibota *(Ligustrum Ibota)* le Tamatsoubaki *(Ligustrum japonicum)*, elle descend ensuite en terre, s'y enfouit pendant l'hiver, remonte au mois de mai de l'année suivante, va chercher de nouveau sa nourriture sur les arbres cités, y file le cocon à la fin de mai, devient chrysalide, se transforme en papillon au milieu de juin et fait sa ponte.

83. *Vithora agrionides* But.

Samidaretio.

La larve sort de l'œuf au commencement de mai ; elle vit sur le Mobue *(Stauntonia hexaphylla)* le Kamazouka *(Photinia villosa)*, le pêcher, etc ; elle se suspend à la branche d'arbre par le fil qu'elle vomit à sa maturité, au commencement de juin ; elle devient chrysalide et se transforme en papillon au milieu de juin.

84. *Vithora* sp.

Espèce de **Samidaretio.**

La larve sort de l'œuf au mois d'avril ; elle vit sur l'Egonoki *(Stirax japonicum)* le Kaji-itsigo *(Rubus trepidus)* le tsourou-memodoki *(Cerastrus articulatus)*, etc. ; elle file son cocon au milieu des feuilles qu'elle réunit avec des fils, devient chrysalide et se transforme en papillon au milieu ou à fin juin.

85. *Anticlea* sp.

Koumonghino-aotio.

La larve sort de l'œuf à la fin d'avril ; elle vit sur le Kounonghi, le Totsi, etc., devient chrysalide au mois de mai, enroule des feuilles autour d'elle et se transforme à la fin du même mois.

86. *Pyralis fraterna* But.

Abourakashounotio.

La larve sort de l'œuf au commencement d'avril ; elle vit sur le tourteau du colza, parvient à sa maturité au commencement de mai, file son cocon auquel elle mêle le résidu des feuilles et ses excréments ; elle devient chrysalide et se transforme en papillon à la fin du même mois ou au commencement de juin.

87. *Plusia*, sp. (?).

Mokoumetio.

La larve sort de l'œuf au mois d'août ; elle vit sur le mûrier, l'amandier, etc.; elle file le cocon à sa maturité, au commencement d'octobre, devient chrysalide et se transforme en papillon au mois de mai suivant.

88. *Nonagria innœcens* But.

Hienozouimoushitio.

La larve sort de l'œuf au mois de juillet; elle creuse la tige du panic (*Panicum frumentaceum*) dont elle mange la partie moelleuse; elle y séjourne, y accomplissant sa maturité au mois d'août. y devient chrysalide, puis se transforme en papillon au commencement de septembre.

89. *Agrotis regatum.*

Amanoyotomoushitio.

La larve sort de l'œuf au mois de mai; elle se nourrit des feuilles de lin, devient chrysalide à la fin de juin et se transforme en papillon au milieu de juillet.

90. *Mamestra brassicæ.*

Yotomoushitio.

La larve sort de l'œuf vers le milieu de mai, se nourrit de sarrasin, de pois. de Foudanso (*Beta vulgaris*), de chanvre, de Tamana (*Camelina sativa*), de chou, etc., devient chrysalide dans la terre au milieu de juin et se transforme en papillon au mois de juillet ou d'août.

91. *Cosmia distincta.*

Narano-imomoushitio.

La larve sort de l'œuf à la fin d'avril ou au commencement de mai; elle vit sur le Toti, le Kounonghi, etc., devient chrysalide en filant un cocon ovale, à sa maturité, à la fin de mai, et se transforme en papillon à la fin de juin.

92. *Calocampa formosa* But.

Saroumentio.

La larve sort de l'œuf au milieu de mai; elle vit sur le pissenlit, le chou, le Takenigousha (*Macleya cordata*), etc.; elle pénètre sous la terre à sa maturité, au milieu de juillet, y file le cocon, devient chrysalide et se transforme en papillon au milieu de juillet, y file son cocon, devient chrysalide et se transforme en papillon au milieu d'octobre.

93. *Heliothis margiata.*

Tabaconotio.

La larve sort de l'œuf au milieu de juillet ; elle vit sur le tabac dont elle mange les feuilles et les fleurs non encore écloses ; elle entre en terre à une profondeur d'environ trois centimètres lorsqu'elle parvient à sa maturité au milieu d'août, devient chrysalide et se transforme en papillon dans le même mois.

94. *Calpe,* sp. (?).

Oshidoritio.

La larve sort de l'œuf à la fin d'août ; elle vit sur l'Akebi *(Akebia quinata),* le Hiraghi *(Olea aquifolium),* le Nautew *(Mandina domestica),* devient chrysalide à sa maturité, à la fin d'octobre, et se transforme en papillon au mois de décembre.

95. *Amphipyra surina* Fel.

Nezoumimotsinotio.

La larve sort de l'œuf au commencement du mois de mai ; elle vit sur le *Ligustrum japonicum,* l'*Esculus turbinata,* l'*Angelica decursiva,* etc., devient chrysalide en juin, dans un cocon qu'elle file entre les feuilles réunies ; elle se transforme en papillon au commencement de juillet.

96. *Amphipyra cervina* Mots.

Kouwanodorotio.

La larve sort de l'œuf au milieu de mai ; elle se nourrit des feuilles du mûrier, parvient à sa maturité au milieu de juin, file le cocon sur la terre, devient chrysalide et se transforme en papillon à la fin de juillet.

97. *Hypophyra dulcina* Fel.

Kemounokemoushitio.

La larve sort de l'œuf au commencement de septembre, se nourrit des feuilles d'*Abizzia Julibrissin* ; elle roule les feuilles pour y enfermer son cocon, devient chrysalide, passe l'hiver dans cet état et se transforme en papillon au mois de juin de l'année suivante.

98.   (?).

Nemounoshiakoutaritio.

La larve sort de l'œuf à la fin d'août ou au commencement
de septembre ; elle vit sur l'*Abizzia Julibrissin*, le *Securinega
japonica*, le grenadier, etc., se nourrit de leurs feuilles
qu'elle roule pour y envelopper son cocon au commencement
d'octobre ; elle devient chrysalide, passe l'hiver dans cet état
et se transforme en papillon au mois de juin ou de juillet de
l'année suivante.

99. *Ditula*, sp. (?).

Azoushinohamakitio.

La larve sort de l'œuf au commencement du mois de mai,
elle se nourrit de feuilles d'*Ulmus campestris* (*U. montana*,
var.), etc., dont elle roule la feuille en façonnant son cocon
au milieu de juin, devient chrysalide avec une couleur brune
et se transforme en papillon au commencement ou au milieu
de juillet.

100. *Scopara* sp. (?).

Kourokometio.

La larve sort de l'œuf à la fin de juillet ; elle vit dans le
riz brut, devient chrysalide à la fin d'août et se transforme
en papillon au commencement de septembre ; certaines chrysalides cependant ne se transforment pas toutes en papillon
à cette époque et ne subissent cette métamorphose qu'en juin
de l'année suivante, époque à laquelle la ponte a lieu.

101. *Zebronia salomealis*.

Watanohamakitio.

La larve sort de l'œuf au mois d'août ; elle vit sur le coton-
nier, le Kiri *(Paulownia imperialis)*, l'Itsibi *(Abutilon avicennæ)*.
etc.; elle devient chrysalide au mois de janvier de l'année suivante et se transforme en papillon en juin.

102. *Zebronia*, sp. (?).

Kishashaghinotio.

La larve sort de l'œuf au mois de juillet ; elle ronge le tronc
du *Catalpa Kaempferi*, se nourrit des parties ligueuses et

moelleuses, y devient chrysalide à sa maturité, au commencement d'août, et se transforme en papillon au milieu du même mois.

103.   (?).

Foukouramotsinotio.

La larve sort de l'œuf au commencement d'octobre, vit sur les arbres, se nourrit de ses feuilles, devient chrysalide à sa maturité, au milieu de novembre, et se transforme en papillon à la fin de mai ou au commencement de juin.

104. *Agrossa,* sp. (?).

Ineno-aomoushitio.

La larve sort de l'œuf à la fin de juin, se nourrit des feuilles et des tiges du riz, se creuse un trou dans la tige, à sa maturité, en août, y devient chrysalide et se transforme en papillon dans le même mois ; toutefois, il y a des chrysalides qui passent l'hiver et qui ne se transforment qu'au mois de juin de l'année suivante.

105.   (?).

Minomoushitio.

La larve sort de l'œuf au mois de juillet ou d'août ; elle vit en parasite sur différents animaux qu'elle persécute et incommode ; elle devient chrysalide au mois de septembre, se transforme en papillon en octobre et fait sa ponte. La larve qui sort de l'œuf à cette époque passe l'hiver en cet état, devient chrysalide en mai ou juin et se transforme après les phases indiquées plus haut.

106. *Yponomenta padellus.*

Ma-uminoshirotio.

La larve sort de l'œuf à la fin d'avril ; elle vit sur le fusain (*Oronymus europæus*) ; elle file son cocon entre les feuilles qu'elle réunit, à sa maturité, au commencement de juin, et se transforme en papillon au milieu ou à la fin de juin.

DIPTERA

1. *Tabanus bovinus* L.

Ouma-abou.

Il naît dans les pâturages et les champs pendant l'été: il suce le sang du bœuf, du cheval et de l'homme.

2. *Nusca domestica* L.

Haï.

Il naît dans les habitations, détériore les aliments, les vêtements, les ustensiles, etc.

3. *Ugimiya sericaria* Rond.

Kaïkonohaï.

La chenille vit en parasite du ver-à-soie qu'elle fait mourir; elle brise son cocon au mois de juin, devient chrysalide immédiatement, est ailée au mois d'avril de l'année suivante. Elle fait sa ponte sur les feuilles du mûrier.

4. *Sarcophage* sp.

Koushohaï.

5, *Calliphora vomitaria* L. (?).

Okimbaï.

6. *Lucilia Cæsar.*

Kimbaï.

Ces trois insectes naissent pendant l'été et l'automne: ils s'assemblent en foule sur les débris pourris des plantes et sur les viandes d'animaux de toutes sortes; on les trouve souvent dans les cuisines. Ils font leur ponte sur les viandes qui deviennent la nourriture des larves et entrent en putréfaction.

7. *Valucella zonaria* Pd.

Hana-abou.

Cet insecte, qu'on rencontre à chaque saison de l'année, fréquente les jardins et se nourrit du miel des fleurs.

8. *Syrphus* sp.

Himehana-abou.

La larve sort de l'œuf vers les mois de novembre ou de décembre, à l'endroit où vivent des fleurs, s'en nourrit; elle devient chrysalide à la fin d'avril de l'année suivante, est ailée en mai. Cet insecte se nourrit du miel des fleurs.

9. *Anthrax* sp.

Oushibaï.

Il naît dans les pâturages et les bois et suce le sang du bœuf et du cheval.

10. *Tachina silvatica* L.

Ishobaï.

La larve vit en parasite dans l'œuf de la sauterelle ou à la racine du radis; elle devient chrysalide au commencement d'octobre, est ailée en mars ou avril de l'année suivante. Il se nourrit de plantes pourries et des cadavres d'animaux.

11. *Bibio*, sp. (?).

Houshabaï.

La larve séjourne dans la terre; elle se nourrit des racines des herbes, devient chrysalide vers le mois de mars, est ailée à la fin d'avril et fréquente les jardins fleuristes.

12. *Bombilius major* L.

Oumabaï.

Il vit dans la montagne et dans les champs, où on le rencontre toute l'année; il suce le sang du bœuf, du cheval et d'autres animaux et s'assemble en foule autour des fleurs de la famille des Crucifères, surtout au printemps.

13. *Asilus*, sp. (?).

Sioya-abou.

L'insecte naît en été, vit dans la montagne ou les champs, se nourrit de petits insectes, entre dans les habitations pour y faire la chasse aux araignées et aux mouches, etc.

14. *Tipula,* sp. (?).

Hano-oba.

La larve séjourne en terre, se nourrit des racines de chrysanthèmes et de houblon, devient chrysalide au commencement de mai, est ailée fin du même mois, se transforme en
insecte parfait et demeure dans les jardins fleuristes.

HEMIPTERA

1. *Syromastis* sp.

Okataghinou.

Il naît dans les fermes au printemps, à l'automne et à
l'hiver; il se nourrit des plantes de la famille des Léguminées.

2. *Pentatoma* sp.

Rourikataghinou.

Il naît dans le Hokkaido (Nord du Japon), vit sur les plantes
de la famille des Composées, dont il suce la sève.

3. *Phaphigaster* sp.

Aokoushagame.

4. *Asopus* sp.

Espèce de **Ho.**

Ces insectes naissent pendant l'été et l'automne; ils vivent
sur les jeunes feuilles et les jeunes bourgeons des plantes de
la famille des Rhamnées, dont ils sucent la sève.

5. *Eusarcoris* sp.

Espèce de **Ho.**

Il naît en été dans les rizières, vit sur les tiges et les feuilles
du riz, en suce la sève et le fait mourir.

6. *Asopus* sp.

Sabigaita.

7. *Asopus* sp.

Espèce de **Ho.**

Ces deux insectes naissent dans les fermes pendant l'été et l'automne; ils sucent la sève des plantes léguminées et du Sisho *(Perilla arguta)*. Ils dégagent une odeur désagréable qui imprègne les doigts quand on les prend à la main.

8. *Reduvices* sp.

Ho.

Il naît dans les rizières pendant l'été; il vit sur la feuille du riz, dont il suce la feuille et qu'il fait mourir.

9.   (?).

Espèce de **Ho.**

10. *Ligœus* sp.

Gaitamoushi.

11. *Velia* sp.

Espèce de **Gaitamoushi.**

Ces trois insectes naissent sur les plantes de la famille des Rosacées et des Cupulifères; ils se nourrissent des feuilles et des pousses dont ils sucent la sève.

12. *Coptosoma* sp.

Mamegame.

13. *Strachia* sp.

Espèce de **Gaitamoushi.**

14. *Graphosoma lineatum.*

Shimagame.

Ces trois insectes vivent sur les feuilles des plantes de la famille des Ombellifères et des Léguminées vers juillet et août et en sucent la sève.

15. *Coremelœna* sp.

Kounikouzoushi.

16. *Aconthosoma*, sp. (?).

Espèce de **Koushagame.**

17.   (?).

Koushagame.

Ces trois insectes s'assemblent en foule dans les rizières vers les mois d'août et de septembre; ils sucent la sève des feuilles de riz. Ces insectes nuisibles ont causé de grands dommages, il y a quelques années, aux agriculteurs du département d'Ishikawa.

18. *Dasysoris* sp.

Koushogaïta.

19. *Alydas* sp.

Espèce de **Ho.**

20. *Pachymerus* sp.

Espèce de **Ho.**

Ces trois insectes vivent pendant l'été et l'automne sur les feuilles du mûrier et sur les plantes de la famille des Léguminées; ils sucent la sève de ces plantes et recherchent également les pêchers, les pruniers, le Moumé, etc.

21. *Bythoscopus* sp.
Amigashacemi.

22. *Bythoscopus* sp.
Okoromozemi.

Ces deux insectes vivent en juin ou en juillet sur les feuilles de *Dentzia sieboldiana (Pinellia tuberifera)*, dont ils sucent la sève.

23. *Bythoscopus*, sp. (?).
Sanemorinoushi.

24. *Jassus* sp.
Himeyokoboué.

Ils naissent en juillet ou en août dans les rizières, dans les étangs et les marais, etc.; ils sucent la sève du riz, du *Zizania aquatica* et accomplissent leur ponte dans le corps des feuilles où les œufs éclosent.

25. *Tettigonia* sp.

Tsoumagouroyokobou-é.

Il naît en août ou septembre sur les feuilles des plantes de la famille des Saxifragées ou des Cupulifères ; il suce la sève de ces feuilles.

26. *Belostoma* sp.

Kairouhashami.

27. *Nepa* sp.

Ko-oïmoushi.

28. *Notonecta* sp.

Matsoumomoushi.

29. *Notonecta* sp.

Azouki-araï.

30. *Banatra asiatica* (?).

Mizoukamakiri.

31. *Hydrametra,* sp. (?)

Amembo.

Ces six insectes vivent dans les eaux d'étangs et de marais ; ils se nourrissent de poissons et d'autres animaux aquatiques.

32. *Cicada* sp.

Haroushemi.

Il est ailé vers le mois de mai, vit sur les plantes telles que le pin, etc. ; le mâle fait entendre un chant agréable ; il meurt au commencement de juin.

33. *Cicada* sp.

Sïnsïn.

Il naît à la fin de juin, vit sur les arbres des bois ; le mâle chante ; il meurt en juillet ou août.

34. *Cicada* sp.

Higourashi.

Il naît vers le mois de juillet ou d'août, vit sur les arbres des bois ; le mâle chante bien avant le lever et après le coucher du soleil ; il meurt en septembre.

35. *Cicada* sp.

Semi.

Il naît vers le mois de juillet ou d'août, vit sur les arbres élevés, meurt en septembre ou octobre ; le mâle chante pendant le jour.

36. *Cicada* sp.

Mïnmïn.

Il naît en août ou septembre, vit sur les arbres élevés, meurt en octobre ; le chant du mâle est agréable.

NEUROPTERA

1. *Cordulegaster*, sp. (?).

Oni-yamma.

2. *Libellula*, sp. (?).

Yamma.

Ces deux insectes vivent en été et en automne autour des eaux ou dans les jardins ; ils font la chasse aux petits insectes de toutes sortes dont ils se nourrissent.

3. *Æschna* sp.

Hakone-yamma.

4. *Æschna* sp.

Ghin-yamma.

Ces deux insectes vivent en été, au-dessus des courants d'eau, au fond des vallées ; ils se nourrissent de petits insectes.

5. *Libellula*, sp. (?).

Moughiwaratombo.

6. *Libellula*, sp. (?).

Siwotombo.

7. *Libellula*, sp. (?).

Akatombo.

8. *Libellula*, sp. (?).

Hakone-akane.

9. *Libellula*, sp. (?).

Noshitombo.

10. *Libellula*, sp. (?).

Oshiwokara.

Ces six insectes volent en été et automne dans les montagnes et dans les champs ; ils se nourrissent de petits insectes.

11. *Agrion*, sp. (?).

Itotombo.

12. *Platycnemis*, sp. (?).

Goumbaïtombo.

Ces deux insectes se trouvent, vers les mois de mai et de juin, dans les environs des étangs et des marais.

13. *Calopteryx*, sp. (?).

Yanaghitombo.

14. *Calopteryx*, sp. (?).

Kawo-yotombo.

15. *Calopteryx*, sp. (?).

Hakourotombo.

Ces trois insectes volent en été, à l'ombre des arbres qui bordent les rivières.

16. *Chrysopa vulgaris.*

Koushakaghero.

Il est ailé vers le mois de juin ou juillet ; il se nourrit des feuilles de l'*Actinidia polygama*. La larve se nourrit de racines de toutes sortes.

17. *Corydalis*, sp. (?).

Ureitombo.

18. *Myrmeleon formicarius.*

Oushoubakaghero.

19. *Panorpa* sp.

Sirihashami.

Ces trois insectes vivent pendant l'été dans le fond des vallées ou au bord des rivières ; ils volent au crépuscule du soir à la recherche des petits insectes dont ils font leur nourriture.

ORTHOPTERA

1. *Helophyma* sp.

Inago.

La larve sort de l'œuf vers juin ou juillet et se transforme en insecte parfait au mois d'août ou septembre. La larve ainsi que l'insecte se nourrissent des plantes de la famille des Graminées et surtout des feuilles du riz, dont souvent ils anéantissent la récolte. Les agriculteurs de la région du Nord prennent ces insectes, les font sécher et les emploient comme aliment journalier.

2. *Henobothrus* sp.

Oghiba-inago.

3. *Acridium* sp.

Espèce d'**Inago.**

Ces deux insectes vivent en été et automne dans les bruyères des champs ; ils se nourrissent des feuilles des plantes de la famille des Graminées.

6

4. *Acridium* sp.

Tonoshamabatta.

La larve sort de l'œuf au milieu de juin; elle se transforme en insecte parfait milieu d'août. La larve ainsi que l'insecte vivent dans les champs, se nourrissent des plantes de la famille des Graminées, recherchent les maïs, les panics, etc. Les cultivateurs de la région du Nord les font sécher et s'en servent comme engrais; les cultivateurs peu aisés s'en servent pour leur nourriture.

5. *Acridium* sp.

Kouroumabatta.

La larve sort de l'œuf au milieu de juillet; elle est ailée au milieu de septembre; il offre les mêmes caractères que le Tonoshamabatta et est utilisé de la même façon.

6. *Acridium* sp.

Tsoutsibatta.

La larve sort de l'œuf au milieu d'août; elle se transforme en insecte parfait vers le mois d'octobre. Il vit dans les champs et se nourrit des plantes de la famille des Graminées. A mesure que l'hiver avance, il se rapproche des habitations; il y choisit un endroit chaud et à l'abri pour s'y blottir durant les froids. Il se remontre vers le mois de mars ou avril et retourne chercher sa nourriture sur les plantes de la famille des Graminées.

7. *Pachytylus japonicus.*

Ko.

Les larves sortent des œufs commencement de mai; elles sont ailées fin juillet; on les rencontre particulièrement à Hokkaido, en agglomérations considérables. L'insecte muni de robustes ailes peut voler très haut; il franchit quelquefois des montagnes de plusieurs lieues de hauteur. Le passage de ces insectes qui volent en foules compactes obscurcit la lumière du soleil. Il ronge les plantes de la famille des Graminées ou, à défaut, les feuilles de n'importe quelle plante. Ils causent de tels ravages qu'ils détruisent toutes les feuilles dans un espace de plusieurs lieues.

Les agriculteurs de Hokkaido ont beaucoup à souffrir chaque année de ces dégâts.

8. *Acridium cærulescens.*

Kawarabatta.

La larve sort de l'œuf vers le mois de juillet. est ailée vers le mois de septembre; on trouve cet insecte sur les pierres au bord des rivières. Il se nourrit des feuilles du *Zizania aquatica*, du *Phragmitis communis*, de l'*Imperata arundinacea*, etc.

9. *Tryxalis nasuta.*

Sioriobatta.

10. *Tryxalis* sp.

Espèce de **Sioriobatta.**

Les larves de ces deux insectes sortent des œufs à la fin de juillet; elles sont ailées vers le mois de septembre. Les femelles ont le corps gros et sont sans vivacité : les mâles au contraire ont le corps léger et peuvent voler à une hauteur de plus de 100 mètres. Le frottement des ailes produit des vibrations sonores; ces insectes vivent dans les touffes d'herbes et se nourrissent de Graminées.

11. *Tryxalis,* sp. (?).

Omboubatta.

Il naît vers le mois de juin ou juillet dans les fermes; il se nourrit des jeunes pousses des Graminées et autres plantes à racines.

12. *Mantis* sp.
Kamakiri.

13. *Mantis* sp.

Himekamakiri.

Les larves de ces deux insectes sortent des œufs vers les mois de mai et de juin, se transforment en insectes parfaits, vivent dans les bois et les champs; ils se nourrissent de larves et d'insectes de toutes sortes.

14. *Cyrtophyllus*, sp. (?).

Koutsouwamoushi.

15. *Cyrtophyllus*, sp. (?).

Sabigentsonwa.

Ces deux insectes sortent de l'œuf au mois d'août ou septembre; ils habitent les champs et se nourrissent de Graminées et de Cucurbitacées. Ils font entendre pendant la nuit un son en frottant les membranes minces qui garnissent leurs ailes supérieures. Les habitants des villes les élèvent pour leur agrément.

16. *Locusta*, sp. (?).

Ka-yakiri.

17. *Locusta*, sp. (?).

Sabika-yakiri.

Ces deux insectes vivent vers juillet et août dans les touffes d'herbes, se nourrissent des plantes graminées, surtout d'*Imperata arundinacea*. L'insecte parfait fait entendre un son pendant le jour et la nuit.

18. *Locusta*, sp. (?).

Tsou-umoushi.

La larve sort de l'œuf à la fin de juin, vit, vers le mois d'août ou de septembre, dans les jardins ou les haies vives, où elle trouve sa nourriture composée d'herbes de différentes espèces.

L'insecte parfait fait entendre un doux son pendant le jour.

19. *Meconema*, sp. (?).

Sashamoushi.

La larve sort de l'œuf en juillet, se transforme en insecte parfait en août ou septembre, se nourrit des plantes rosacées et des feuilles des bambous de toutes sortes. Les amateurs des villes élèvent cet insecte à cause du chant doux et agréable qu'il fait entendre.

20.   (?).

Koroghighishou.

La larve sort de l'œuf au mois de juin ou de juillet, devient
insecte parfait au mois d'août ou de septembre; il vit dans
la montagne ou dans les champs et se nourrit des herbes
servant à la nourriture des bestiaux.

21. *Phalangopsis*, sp. (?).

Okamakoroghi.

Ces insectes s'assemblent vers le mois d'août ou de septembre dans le voisinage des cuisines des habitations ; ils
recherchent l'ombre, les places humides et se nourrissent de
riz, de blé, etc.

22. *Œcanthus*, sp. (?).

Kantan.

Il naît vers le mois d'août ou septembre dans les champs,
se nourrit de plantes de la famille des Composées et des Graminées. Les amateurs des villes élèvent ces insectes afin
d'entendre leur chant doux et agréable.

23. *Gryllus* sp.

Koworoghi.

Il naît vers septembre ou octobre dans les fermes; il se
nourrit des fruits des plantes cucurbitacées et pénètrent dans
les habitations à l'approche des froids. Il fait entendre un
son doux: il a été chanté par les poètes.

24. *Gryllus*, sp. (?).

Emmakoroghi.

Il naît vers le mois de septembre ou d'octobre dans les
fermes et se nourrit des plantes graminées et cucurbitacées.

25. *Periplaneta orientalis.*

Abouramoushi.

Il vit en été et automne dans le voisinage des fourneaux
de cuisine ; la nuit, il mange les fruits, le riz, le blé, etc.,
qui sont à la cuisine. Il laisse une odeur désagréable aux
choses qu'il touche.

26. *Gryllotalpa chinensis.*

Kera.

Il vit en été et automne et se nourrit de riz et d'autres plantes de culture ; il creuse des galeries sous terre où il séjourne toujours. Ses dégâts souterrains amènent des effondrements.

27. *Forficula* sp.

Hashamimoushi.

Il vit pendant les quatre saisons sous terre ou dans les tas de fumier et se nourrit des larves et des insectes de diverses espèces.

Différentes sortes de cocons.

1. **Kinshiro**, race de printemps, cocon blanc. On l'élève principalement dans le département de Nagano.

2. **Maroumota**, race de printemps, cocon blanc, le plus petit. Il est préféré partout pour l'élevage.

3. **Aobikioshou**, race de printemps, cocon blanc et gros. Il est élevé surtout dans le département de Foukoushima.

4. **Aobiki**, race de printemps, cocon petit et blanc. Il est élevé partout.

5. **Onitsidira**, race de printemps, cocon gros et blanc. Il est élevé dans le département de Goumba.

6. **Sira-aya**, race de printemps, cocon petit et blanc. Il est élevé dans le département de Foukoushima.

7. **Kanamarou**, race de printemps, cocon petit et blanc.

8. **Tsiukinsiro**, race de printemps, cocon gros et blanc. Il est élevé dans le département de Nagano.

9. **Matamoukashi**, race de printemps, cocon petit et blanc. Il est élevé partout.

10. **Himeko**, race de printemps, cocon petit et blanc, n'a pas une seule tache sur tout le corps. Est élevé partout.

11. **Koïshimarou**, race de printemps, cocon petit et blanc. Il est élevé partout.

12. **Sincen**. race de printemps, cocon petit et blanc. Son

élevage est répandu depuis ces dernières années à cause de l'abondante quantité de matières soyeuses qu'il fournit.

13. **Koriu**, race de printemps, cocon petit et jaune. Très recherché autrefois, il est presque abandonné actuellement.

14. **Kakouriu**, race de printemps, cocon gros et blanc. La qualité du fil étant bonne, son élevage se répand partout.

15. **Tsounomata**, race de printemps, cocon petit et blanc. Son élevage est commencé depuis ces dernières années ; on dit qu'il est originaire de la Chine.

16. **Akajikouos**, race de printemps, cocon gros et blanc. Son élevage est préféré partout.

17. **Akajikou**, race de printemps, cocon petit et blanc. Il est élevé partout.

18. **Oushouki**, race de printemps, cocon petit et jaunâtre ; il est né du croisement du papillon de Koriu et de celui de Koïshimarou. Les amateurs l'élèvent.

19. **Toyo**, race de printemps, cocon petit et jaune très clair, presque blanc. Il est élevé par les amateurs.

20. **Ghinsiro**, race bivoltaine ; le cocon exposé est récolté à la campagne, au printemps, il est petit et blanc. Cette race est élevée dans le département de Nagano.

21. **Ghinsiro**, la même que ci-dessus, cocon récolté en été.

22. **Marou**, race bivoltaine, cocon récolté en été. Il est élevé dans le département de Nagano.

23. **Koumako**, race bivoltaine, cocon récolté en été. Le ver est noir ; il est élevé dans le département de Foukoushima.

24. **Simako**, race bivoltaine, cocon récolté au printemps. Le ver est coloré et porte çà et là des raies longitudinales. Il est élevé dans le departement de Foukoushima.

25. **Okousha**, cocon récolté au printemps, long et mince, blanc. Il est élevé dans le département de Nagano.

26. **Okousha**, semblable au précédent, cocon récolté en été.

27. **Kanashou**, cocon récolté au printemps, gros et blanc. Il est élevé dans le département de Foukoushima.

28. **Kanashou**, cocon récolté en été, semblable au précédent.

29. **Kanshou**, tache éclatante sur le ver, même race que le Kanashou, cocon récolté au printemps.

30. **Kanashou,** tache éclatante sur le ver, même race que ci-dessus, cocon récolté en été.

31. **Kanashou,** tache éclatante sur le ver, même race que ci-dessus, cocon gros et blanc, récolté au printemps.

32. **Kanashou,** tache éclatante sur le ver, même race que ci-dessus, cocon récolté en été.

33. **Kanashou,** ver sans tache, le corps du ver est blanc sans tache, cocon gros et blanc, récolté au printemps.

34. **Kanshou,** ver sans tache, même race que la précédente, cocon récolté en été.

35. **Sankwasei,** le corps du ver est blanc, cocon petit et blanc, récolté au printemps.

36. **Sankwasei,** même que la précédente, cocon récolté en été.

37. **Sikwasei,** cocon filé quatre fois par an, petit et blanc.

38. **Kitamamou,** cocon filé par deux vers de cocon jaune.

39. **Sirotamama-u,** cocon filé par deux vers de cocon blanc.

40. **Kouwakonoma-u,** voir n° 70, partie des *Lepidoptera*.

41. **Kouwakonoma-u,** voir n° 60, partie des *Lepidoptera*.

42. **Sakoushan,** voir n° 65, partie des *Lepidoptera*.

43. **Siragataro,** voir n° 61, partie des *Lepidoptera*.

44. **Yamatamshou,** voir n° 63, partie des *Lepidoptera*.

45. **Kourouminoshoukashitawara,** voir n° 62, partie des *Lepidoptera*.

46. Fil de soie de **Hakouriu,** fil dévidé du cocon n° 15.

47. Fil de soie de **Koishimarou,** fil dévidé du cocon n° 11.

48. Fil de soie de **Matamoukashi,** fil dévidé du cocon n° 9.

49. Fil de soie de **Tsounomata,** fil dévidé du cocon n° 15.

50. Fil de soie de **Kanashou,** fil dévidé du cocon n° 28.

51. Fil de soie de **Koriu,** fil dévidé du cocon n° 13.

52. Fil de soie de **Kouwako,** fil dévidé du cocon n° 40.

53. Fil de soie de **Sakoushan,** fil dévidé du cocon n° 42.

54. **Tegoushou.** Il est confectionné avec l'embryon qui se trouve dans le ver n° 61 dans la partie des *Lepidoptera*.

Maladies des vers à soie.

VERS A SOIE DE TOUTES SORTES

1. Tareko (flacherie).

Une des maladies qui se déclarent le plus souven avant le filage du cocon ; elle est causée par un ver blanc (larve n° 3, partie des *Diptera*, et de fébrine.

2. Didi-i.

Maladie ayant la même cause que la précédente ; elle se déclare après l'ascension dans les bruyères. Le ver vomit le fil, mais il devient chrysalide sans faire le cocon et meurt.

3. Okitsidimi.

Maladie qui se déclare après chaque mue: elle est causée par la mauvaise qualité des graines et le mauvais élevage.

4. Hoshoko.

Maladie qui fait maigrir le corps du ver et le fait mourir en dernier lieu, même cause que la précédente.

5. Atamashouki.

Maladie qui fait gonfler la tête du ver et la fait devenir un peu transparente ; elle se déclare à toute époque, mais surtout après la quatrième mue: elle est causée par le mauvais élevage.

6. Oumiko (grasserie).

Maladie produite par le mauvais élevage et qui amollit le corps du ver, lequel évacue l'humeur blanche ; elle se déclare le plus souvent après la quatrième mue.

7. Harakoudari.

Maladie qui fait évacuer l'excrément mou au ver à soie ; elle se déclare le plus souvent après la quatrième mue et est causée par le vibrio qui vit en parasite sur le ver.

8. Nughisokomé.

Dans cette maladie le ver ne parvient pas à se dépouiller entièrement de sa peau et meurt ; cette maladie provient de la mauvaise qualité des graines et du mauvais élevage.

9. **Founzoumari.**

Dans cette maladie, le ver ne peut évacuer les excréments qui demeurent dans le rectum et meurt. Cette maladie se déclare à chaque âge ; elle est produite par le vibrio qui vit en parasite du ver.

10. **Neboke.**

Le ver infesté ne mange plus les feuilles du mûrier après chaque mue ; il hausse la tête et a l'air étonné. La cause du mal est le mauvais élevage.

11. **Sirinouke.**

Le rectum s'échappe en dehors du corps, poussé par l'oppression extérieure.

12. **Vers** avec des taches noires.

Maladie qui marque de taches noires les parties avoisinantes du cœur et des trachées du ver. Elle se déclare le plus souvent après la quatrième mue ; elle est causée par un ver parasite qui vit sur le corps des vers à soie (larve n° 3 de la partie des *Diptera*.)

13. **Chrysalide** de ver à soie avec taches noires.

Après le filage du cocon, le ver devient chrysalide à l'intérieur ; il est taché de noir au flanc. La cause de la maladie provient d'un ver parasite.

14. **Sanaghinonoukeshokone.**

Après le filage du cocon, le ver, sur le point de devenir chrysalide, ne parvient pas à se dépouiller entièrement de sa peau. Cet effet est dû au parasitisme du ver, indiqué précédemment ainsi qu'à celui du fébrine.

15. **Sinikomori.**

Le ver file un cocon mince, dans les bruyères, et meurt à l'intérieur ; même cause que n° 12.

16. **Ana-akima-u.**

Au bout de deux semaines de filage du cocon, le ver parasite n° 17 sort du cocon en le brisant.

17. **Vers parasites.**

Ce sont des larves du Kaikonohai n° 3, dans la partie des *Diptera* ; ils vivent en parasites sur les vers à soie et sortent en brisant le cocon au bout de deux semaines de filage.

18. Chrysalides de vers parasites.

Vers transformés en chrysalides après l'état du numéro précédent.

19. Papillon de Tsijimihane.

Même insecte que n° 71, partie des *Lepidoptera*, mais dont les ailes ne sont pas développées parfaitement, empêchées par le parasite fébrine.

20. Œufs de Siragataro.

Œufs du papillon n° 61, partie des *Lepidoptera*.

21. Siragataro.

Larves sortant des œufs, numéro précédent, et ne subissant pas la première mue.

22. Mêmes larves que les précédentes avant la deuxième mue.

23. Mêmes larves que les précédentes, avant la troisième mue.

24. Mêmes larves que les précédentes, parvenues à leur pleine maturité et qui vont filer les cocons.

25. Chrysalide de Siragataro.

Mêmes que les précédentes devenues chrysalides après le filage du cocon.

26. Œufs de Yamana-u.

Œufs pondus par le papillon du n° 60 dans la partie des *Lepidoptera*.

27. Yamana-u.

Larves sortant des œufs, numéro précédent, avant la première mue.

28. Larves sortant des œufs, numéro précédent, avant la deuxième mue.

29. Larves sortant des œufs, numéro précédent, avant la troisième mue.

30. Larves du papillon, n° 65, partie des *Lepidoptera*, avant la première mue.

31. Kouwako.

Larves n° 70 dans la partie des *Lepidoptera*.

32. Simako.

Larve du n° 24 dans la partie explicative des cocons.

33. Oushouki.

Larves du n° 18 dans la même partie ci-dessus.

34. Sikwasei.

Larves du n° 37 dans la même partie ci-dessus.

35. Tsounomata.

Larve du n° 15 dans la même partie ci-dessus.

36. Hakouriu.

Larve du n° 14 dans la même partie ci-dessus.

Parasites principaux des animaux domestiques du Japon.

N°	Nom	Domicile
1.	**Echinococcus.**	Foie du bœuf.
2.	**Tænia perfoliata.**	Grand intestin du cheval.
3.	**Tænia expansa.**	Intestin du mouton.
4.	**Tænia cucumerina.**	Petit intestin du chien.
5.	**Tænia sp.**	Petit intestin du chien.
6.	**Tænia sp.**	Intestin du chat.
7.	**Tænia sp.**	Intestin de volaille.
8.	**Bothriocephalus latus.**	Petit intestin du chien.
9.	**Distoma hepaticum**	Conduit hépatique et conduit biliaire du bœuf.
10.	**Distoma pancreaticum.**	Conduit pancréatique du mouton.
11.	**Distoma pancreaticum** var.	Pancréas du mouton.
12.	**Distoma pulmonale**	Bronche du chien.
13.	**Distoma endemicum.**	Foie du chat.
14.	**Amphistomum conicum.**	Rumen du bœuf.
15.	**Ascaris sp.**	Intestin du porc.
16.	**Ascaris megallo-cephala.**	Petit intestin du cheval.
17.	**Ascaris sp.**	Intestin du cheval.
18.	**Ascaris mystax**	Petit intestin du chien.

N°	Nom	Domicile
19.	**Ascaris mystax**	Intestin du chat.
20.	**Eustrongylus gigas** . . .	Rein du chien.
21.	**Strongylus armatus** . . .	Colon du cheval.
22.	**Strongylus filaria**	Bronche du mouton.
23.	**Strongylus contortus** . .	Abomasum du mouton.
24.	**Strongylus paradoxus** . .	Bronche du porc.
25.	**Strongylus armatus Laval**	Arteria-ilio-cœco-colica du cheval.
26.	**Dochmius** sp..	Intestin du chien.
27.	**Filaria papillosa**	Cavité abdominale du cheval.
28.	**Filaria immitis**.	Cœur du chien.
29.	**Spiroptera sanguinolenta**	Mur musculaire d'œsophage du chien.
30.	**Spiroptera microstoma** .	Estomac et petit intestin du cheval.
31.	**Spiroptera megastoma**. .	Estomac du cheval.
32.	**Spiroptera** sp.	Aorte du chien.
33.	**Trichocephalus crenatus**	Colon du cochon.
34.	**Acarus folliculorum** . . .	Peau du chien.
35.	**Sarcoptes**.	Peau du porc.
36.	**Ixodes**	Peau du cheval.
37.	**Ixodes**	Peau du chien.
38.	**Pediculus**.	Peau de la chèvre.
39.	**Pediculus**.	Peau du porc.
40.	**Gastrus equi**.	Estomac du cheval.

FILARIA IMMITES

La *Filaria immites* est un ver maigre, blanc comme du lait et qui a l'apparence d'un fil. Le mâle a de 5 à 8 centimètres de long, la femelle de 11 à 18 centimètres et même davantage.

La tête de ce parasite est relativement large et a une ouverture ovale qui est entourée par une éminence circulaire qui est pourvue de quatre papilles pointues. La queue est pointue chez les femelles, tandis qu'elle est en spirale chez les mâles ; celui-ci a deux spicules minces et le *porus geni-talis* est situé près de la tête.

Son domicile est l'atrium droit et le ventricule du cœur, *vena cava* antérieure et postérieure et leurs branches, telles que *vena diaphragmatica, vena hepatica, vena hypogastrica, vena cruralis, vena dorsalis, vena vertebralis, vena jugularis,* etc., et aussi *arteria pulmonalis.*

La demeure la plus commune est le ventricule droit et l'artère pulmonaire ; la demeure secondaire est le tronc de la *vena cava* antérieure et postérieure ; la dernière est plus souvent infestée que la première. Le ver entièrement formé se trouve exceptionnellement dans la section gauche du cœur ; jusqu'à présent, nous n'avons observé qu'un seul cas où ce parasite soit situé au ventricule gauche.

Dans un seul cas aussi nous l'avons trouvé à l'*aorta abdominalis* et à l'*arteria femoralis :* dans deux ou trois autres, nous avons trouvé quelques vers mûrs, libres, à la cavité thoracique.

Mais l'embryon de ce ver peut se trouver partout dans le sang artériel ainsi que dans le sang veineux. Ce fait peut être facilement prouvé par l'examen du sang ; si nous prenons quelques gouttes de sang et l'examinons au microscope, nous verrons très clairement l'embryon de la *Filaria* et plus de dix dans ces quelques gouttes ; l'embryon est parfaitement vivant, courbant son corps et nageant comme l'anguille.

Rien n'est connu sur l'histoire du passé et on ne trouve au Japon aucun document sur ce parasite. Nous avons observé pour la première fois la *Filaria* en 1877 et, depuis cette époque, nous en avons rencontré annuellement un grand nombre de cas. Elle est connue au Japon et en Chine et infeste principalement les gros chiens et ceux de moyenne taille qui vivent en dehors de la maison, et surtout le chien de chasse. Elle se trouve très rarement sur les petits chiens d'appartement nourris à la maison, parce qu'ils boivent très peu et pas d'eau malpropre ; on peut supposer que l'animalcule qui se trouve dans l'eau impure engendre ce parasite.

Nous ne pouvons pas dire exactement combien de chiens, sur cent, sont affectés de la *Filaria ;* mais d'après nos observations de dix ans, nous pouvons affirmer que les 4/5e des chiens au moins sont atteints de cette maladie. Il est incontestable que la *Filaria* tourmente beaucoup moins nos chiens indigènes que les chiens exotiques ou les chiens croisés ; c'est probablement parce que les chiens indigènes ont plus de vigueur et de force de résistance.

Le ver semble entrer dans l'organisme du chien, principalement pendant la saison de la chasse qui dure de novembre à fin mars. Les principaux symptômes nuisibles apparaissent du mois d'avril au mois d'août et rarement dans d'autre saison, presque jamais en hiver. Lorsque la *Filaria* pénètre dans l'organisme vers le moment de la chasse, il lui faut quelque temps pour croître, de sorte que la période nuisible n'a lieu que pendant les mois d'avril, mai, juin, juillet et août, époque où la croissance du ver est terminée et où les ravages sont accomplis.

Ravages de la *Filaria immitis*.

L'intensité des ravages dépend essentiellement du nombre de vers et de leur situation. Si les vers se présentent en grand nombre, ils sont toujours nuisibles, quelle que soit leur situation, et causent, en dernier lieu, la mort de l'animal infesté. Il arrive quelquefois que, même en petit nombre, la *Filaria* soit très nuisible à l'animal affecté. Ainsi par exemple, lorsqu'elle perfore la valvule du cœur, ou s'enroule autour de la *chordæ tendineæ*.

Lorsque le parasite existe en grand nombre à la section droite du cœur, elle en affaiblit l'action, ralentit la circulation du sang.

Plusieurs sortes d'affections de valvules, comme *endocarditis valvularis* ou *stenos*, et la réduction de la valvule tricuspide ou semi-lunaire ou même sa destruction entière, sont dues à ce ver. Elle produit aussi la dilatation du cœur, *myocarditis*, hydropisie et apoplexie.

Lorsqu'elle est située dans l'*arteria pulmonalis*, ce qui est le cas le plus fréquent, elle obstrue le vaisseau, empêche le flux du sang et ainsi rend insuffisante la décarbonisation du sang dans les poumons. Le développement du parasite dans l'*arteria pulmonalis* y cause une irritation locale. Ce symptôme est suivi du *thrombus* formé dans les différentes branches de l'*arteria pulmonalis* à la structure subtile et lamellée.

Le résultat direct de la constipation du vaisseau est l'anémie des poumons, mais si la maladie amène une déperdition du sang, la décarbonisation qui a lieu comme on l'a dit plus haut est insuffisante et rien n'y supplée dans le poumon ni dans les autres parties du corps. Sous l'influence de cette double action la respiration devient de plus en plus difficile, le sang est stagnant dans quelque section du poumon et l'engorgement a lieu : de là résulte l'*œdema pulmonum*.

Si le ver pénètre dans de plus petites branches de l'*arteria pulmonaris*, la bronchite chronique se développe et cause une toux particulière *(tussis parasitica)*.

Par suite de l'irritation chronique du poumon, la *pneumia embrica* se détermine en dernier lieu, l'abcès est formé dans le poumon et sécrète le pus qui est rejeté par la toux. Dans ce cas nous pouvons trouver l'embryon dans le pus.

Lorsque le ver existe dans la *vena cava* antérieure et dans ses branches, il peut faire boiter par suite de l'enflure œdémateuse du pied de devant ; un abcès de la face et du cou peut en résulter également.

Si ce ver est principalement situé dans la *vena cava* postérieure, le reflux du sang est troublé, et de là résultent l'*ascitis*, l'engorgement et le *cirrhosis* du foie, l'*icterus* universel, l'engorgement des reins, *nephritio hæmorrhagica*, *gastro-enteritis*, *catarrhalis chronica*, *mastitis hæmorrhagica*, etc.

Lorsque le ver est rempli dans la *vena cruralis*, l'enflure et l'abcès se manifestent,

Lorsque l'*arteria cruralis* est obstruée, il en résulte le *paresis* et la paralysie d'une ou de deux extrémités postérieures.

Enfin, la *Filaria immites* cause en général de la faiblesse et une grande anémie et peut occasionner une affection quelconque.

Symptômes chimiques.

Les symptômes chimiques sont nombreux et variés. En général, voici le symptôme qui se rencontre le plus fréquemment.

L'état de santé général du chien affecté est mauvais ; il maigrit, son poil est rude, la membrane visible muqueuse pâle ; l'appétit reste le plus souvent bon jusqu'au plus haut

degré de la maladie, le cœur et le pouls battent irrégulière-
ment, la respiration est accélérée et souvent difficile, l'haleine
courte et l'essoufflement prompt. Après quelques exercices
rapides, le chien tombe, et dans quelques cas graves la mort
est soudaine. La température du corps est presque anormale,
la plupart du temps au-dessous de 39°, et elle ne s'élève
jamais aussi haut que dans la pneumonie commune.

Aucun son obtenu par la percussion n'indique la maladie,
mais à l'auscultation on distingue le murmure vésiculaire
accéléré.

Les symptômes spéciaux dépendent des différents cas que
nous mentionnons très sommairement. Les principaux symptômes chimiques que nous avons rencontrés jusqu'ici sont :

1° Anémie et faiblesse ;

2° *Anasarca*, enflure œdémateuse à toutes les extrémités, cou
et face et partie abdominale du corps :

3° *Hydrops ascitis* (c'est le plus commun) :

4° Abcès de face ;

5° *Icterus universalis* ;

6° *Gastritis catarrhalis* :

7° *Tussis parasitica*, la toux convulsive, perçante, sans humidité du nez et sans le symptôme catarrhal (ce cas est très
commun) :

8° Émaciation ;

9° *Paresis* de l'extrémité postérieure ;

10° Pneumonie *embolica*, grand essoufflement et faiblesse
pendant l'exercice :

11° *Hæmoptœ* ;

12° *Hæmaturia* ;

13° Lait ensanglanté ;

14° *Otirrhœa* ;

15° Syncope ;

    Etc., etc.

CLASSE 81 — GROUPE 9

ÉCOLE AGRICOLE ET FORESTIÈRE DE TOKIO

Plantes potagères du Japon.

On consomme beaucoup de légumes au Japon ; aujourd'hui, comme dans les temps les plus reculés aussi, de nombreuses espèces, dédaignées par les agriculteurs européens et américains qui les considèrent, comme de mauvaises herbes, entrent-elles dans l'alimentation comme le *Lappa major* et plusieurs autres qui sont inconnues des horticulteurs européens et américains ; aussi, on cultive les chrysanthèmes comme fleur d'ornement, mais on en utilise les pétales à la cuisine. On voit donc que par suite de la différence du climat, la forme et la nature des plantes de même espèce qu'on cultive en Europe, en Amérique et au Japon, sont différentes. Les espèces des plantes reproduites dans les dessins exposés ne représentent qu'une partie de celles dites *légumes* ; avant d'en faire l'explication, il faut dire un mot des légumes du Japon.

Pour les mentionner, il a été nécessaire d'en faire une division, et cette division est faite d'après l'emploi des plantes, et non d'après l'ordre de la classification botanique, ce qui en facilite la connaissance pratique aux horticulteurs, savoir :

1. Plantes à racines alimentaires.
2. Plantes à feuilles alimentaires.
3. Plantes à fleurs alimentaires.
4. Plantes potagères de la famille des Légumineuses.
5. Plantes de la famille des Cucurbitacées.
6. Plantes du genre oignon.
7. Plantes à bourgeons alimentaires.
8. Plantes aquatiques.
9. Plantes à épices.

1° **Plantes à racines alimentaires.**

Elles sont très répandues, et celles qu'on cultive pendant les quatre saisons sont du genre *Raphanus*, qui comprend de nombreuses variétés; les plus grandes ont une circonférence d'environ 1 mètre, et les plus petites ne dépassent guère 3 millimètres.

Leurs racines sont longues, ce en quoi elles diffèrent des espèces européennes. La longueur de leurs racines dépasse quelquefois 1ᵐ.212. Celles qui sont semées vers le commencement de l'été et récoltées à l'automne sont d'espèces variées.

Les *Raphanus* qu'on sème à l'automne et qu'on récolte au printemps ne le sont pas moins. La culture des *Raphanus* est considérable, parce que ces plantes sont fréquemment employées en cuisine. Le Japon ne produit pas d'espèces rouges.

Le navet **Kabu** (*Brassica rapa Rapifera*). Le *Kabu* n'a pas plusieurs espèces, comme celui d'Europe, mais il y a le grand, le petit, le rouge et le blanc; le petit a le diamètre d'environ 16 millimètres et la forme ronde. L'autre, long comme le radis, est rouge-vif et d'un magnifique aspect.

La carotte **Ninjin** (*Daucus carota* L.). Elle a la racine jaune, tirant sur le rouge foncé, et très longue; c'est une espèce particulière au Japon. Elle est bonne à manger, et l'excellence de son goût dépasse de beaucoup celui des carottes exotiques; mais on ne peut pas espérer obtenir des carottes japonaises d'une grande circonférence.

Le **Gobô** (*Lappa major*). Le *Gobô* qu'on ne mange pas en Europe ni en Amérique, mais qu'on cultive au Japon, comme une des principales plantes alimentaires, depuis les temps les plus reculés, a subi sans doute l'amélioration de l'espèce, et on produit, aujourd'hui, un *Gobô* qui a presque 34 centimètres de circonférence; sa chair est tendre et aromatique comme celle du salsifis; il demande un labour profond. La récolte de sa racine nécessite un travail pénible. Si on veut obtenir une grande racine, il faudra plus de deux ans.

La pomme de terre **Jagatara-Imo** (*Salanum tuberosum*). La culture de cette plante était restreinte, il y a quelques années, dans les provinces du nord-est du Japon, et n'était pas répandue dans tout le pays elle ne se montrait point aux marchés. Mais depuis ces dernières années, les agriculteurs appréciant les avantages de cette plante, la cultivent partout; maintenant, la pomme de terre se présente aux marchés comme un légume. Il n'y a aucune variété à mentionner ici. L'extension tardive du *Jagatara-Imo* venait peut-être de la culture très répandue du *Colocasia*.

La **Batate douce Satsuma-Imo** (*Batatas edulis*). Elle est cultivée presque partout, à l'exception de quelques départements du Nord-Est. Les cultivateurs du Sud-Ouest, surtout, l'emploient comme nourriture pendant toute l'année; on en fait aussi une boisson spiritueuse. Dans cette partie du pays, il existe plus de dix espèces de batates, mais beaucoup d'entre elles ne sont pas cultivées en Europe et en Amérique. Il y en a qui ont la chair d'un beau blanc, ou d'un blanc verdâtre, ou jaune-rouge, ou nuancée de pourpre et de blanc, et dont le goût diffère.

La patate **Imo** (*Colocasia antiquorum*). L'Imo a de nombreuses variétés; la partie la plus employée de cette plante est la racine. Les tiges ont le goût rance, mais quand on les dessèche au soleil, le goût rance disparaît et elles peuvent se manger; mais il y a deux variétés chez lesquelles le goût rance ne disparaît jamais: l'une se mange cuite et l'autre assaisonnée au vinaigre. Il paraît qu'en Europe, ces plantes sont cultivées par les amateurs avec autant de soin que des plantes d'ornement; leurs racines ne produisent que deux ou trois jeunes tubercules, après un certain nombre d'années. Mais, au Japon, elles en produisent bien davantage; l'abondance de la récolte est presque la même que celle des pommes de terre, mais la patate Imo est un légume qui a l'avantage de n'être jamais attaqué par les maladies ou les insectes nuisibles.

Le **Jinenjô** (*Dioscorea japonica* Thum). Il croît spontanément dans les champs et dans les montagnes. Mais on peut en tirer plus d'avantage au moyen de la culture. Il y a plusieurs variétés qu'on cultive dans les fermes depuis longtemps. Au bout d'une année, on peut récolter de grosses racines longues d'environ 1 mètre. Mais comme, pour récolter de longues racines, il faut un travail pénible d'arrachage (autrement il pourrait arriver que sa culture soit désavantageuse), il est préférable de planter une variété dont la racine est de forme plate comme la main de l'homme. Cette racine n'entre pas profondément dans le sol, et par conséquent il ne faut pas un long travail pour l'en tirer. Son goût est de beaucoup supérieur à celui des pommes de terre, du *Colocasia*, etc.

Le **Konnyaku** (*Conophallus Konnyak* Schott). La racine de Konnyaku ne se mange point sans une préparation préalable. On la broie pour la pulvériser, et on en fait des boules dites Konnyaku-Dama. Elles sont employées en cuisine de plusieurs manières : ces boules sont semi-transparentes et élastiques ; elles ont un goût particulier et aromatique.

Le lis **Ouri** (*Lilium*). Il est ordinairement cultivé comme plante d'ornement, mais on emploie aussi ses bulbes en cuisine. Celles-ci ont le goût excellent ; ainsi, il y a des cultivateurs qui les cultivent spécialement. Le lis a plus de vingt variétés, mais il n'y en a que deux ou trois dont on utilise les bulbes. Le lis est planté autour de la ferme, et on récolte les bulbes au bout de deux ou trois ans. Il y a des bulbes qui ont une circonférence de presque 33 centimètres. Les fleurs de lis sont vendues aux marchands de fleurs. Quant aux bulbes qu'on aime à goûter, les cultivateurs se les réservent, soit pour les manger, soit pour les vendre.

2° **Plantes à feuilles alimentaires.**

Les variétés principales sont les Brassicas **Na**. Au Japon, ils se mangent cuits ou salés, comme le chou (*Brassica oleracea*) dans la cuisine européenne. Il paraît que la meilleure variété du Japon est d'origine chinoise. Le Brassica blanc a la pomme très blanche comme le chou d'Europe et il est tendre. Il y a des variétés à petites feuilles comme **Komatsu-na** qui sont plus avantageuses que d'autres, qui exigent des sillons larges ; car on sème les premières très serrées et on les éclaircit à mesure qu'elles s'accroissent. Du reste, si on les cuit, elles sont tendres et ont le goût délicat. Les autres variétés sont loin d'être comparables. Les Brassicas salés peuvent se conserver pendant quelques années.

Le **Shunbhikou** (*Chrysanthemum coronarium* L.). En Europe, on cultive le Shunghikou comme plante d'ornement.

Mais nous ignorons s'il y est employé en cuisine comme légume. Cependant les tiges et les feuilles de cette plante sont tendres et ont le goût doux et aromatique ; on la sème à l'automne et on en recueille les tiges et les feuilles au printemps. C'est un légume bon à manger.

La Laitue **Tsisha** (*Lactuca sativa* L.). La Laitue a cet avantage de pouvoir être semée pendant les quatre saisons. Au Japon, elle est cultivée depuis les temps les plus reculés. Ses variétés sont nombreuses, mais il n'y en a pas une qui vaille celle que l'on trouve en Europe.

L'épinard **Hôrénsô** (*Spinacia oleracea* L.). L'épinard ne vaut pas non plus celui d'Europe. Mais les jardiniers cultivent une espèce qu'on peut semer au printemps ou à l'automne : il est préférable de semer vers le mois de mars ou d'avril.

La betterave **Tôjisha** (*Beta vulgaris* L.). En Europe, on cultive la betterave dans le but de récolter sa racine ; au Japon, au contraire, c'est pour en récolter les feuilles. Une variété d'origine japonaise a une petite racine : ses feuilles sont tendres et ont une saveur douce.

Le **Tsuruna** (*Tetragonia expansa* Ait.). Le Tsuruna est également un bon légume à feuilles alimentaires. Mais sa culture n'est pas très répandue. C'est un légume économique qu'on cultive en petite quantité pour l'usage domestique.

3° Plantes à fleurs alimentaires.

Au Japon il n'y a pas, pour la beauté, de plantes à fleurs semblables au chou-fleur ; il n'existe que quelques espèces dont on emploie les fleurs en cuisine, mélangées avec le poisson, et leurs variétés ne sont pas nombreuses.

Le **Myôga** (*Amomum mioga*). On recueille les fleurs de Myôga qui sortent des racines sur le sol, vers les mois de juin ou juillet ; ils ont la forme de broche de filature. Les jeunes tiges brassées au printemps sont tendres et ont le même goût que les fleurs.

Le **Fouki** (*Petasites japonicus* Miq.). Pour employer les fleurs de cette plante, on recueille celles qui poussent sur la terre avant les feuilles ; leur goût est un peu amer, l'odeur agréable est semblable au *Jamasô* (houblon).

Le chrysanthème **Kikou**. Le plus délicat est celui à grandes fleurs jaunes; on les recueille et, après les avoir cuites dans une casserole, on les dessèche au soleil et on les conserve. Quand on veut les employer, on les met dans l'eau bouillante et ensuite dans de l'eau froide. Lorsqu'elles sont refroidies, on les enlève et on les serre dans la main pour en extraire l'eau. Ces fleurs ainsi préparées peuvent être employées en cuisine; leur goût est excellent. Si on les conserve dans des flacons, le goût et l'odeur ne changent pas, même après quelques années.

Le **Songhina** *(Equisetum arvense)*. Il est qualifié de plante alimentaire, mais on ne recueille que les jeunes fleurs qui poussent spontanément aux champs.

4° Plantes potagères de la famille des Légumineuses.

Elles sont très nombreuses; on mange les fèves à l'état de mi-maturité, en enlevant les gousses ainsi qu'on fait pour les pois. Parmi les pois, il y a des variétés qui se mangent avec les gousses, et d'autres qui sont précoces.

Le **Daïzou** *(Soya hispida)*. La culture de Soya occupe le troisième rang en importance après le riz et le blé; c'est parce qu'il est employé principalement à la fabrication de Miso (pâte préparée avec soya, riz et sel), et de Shôyn (sauce japonaise). Mais on en fait un aliment dit Tôfou (fromage de Soya). De toutes les plantes, c'est peut-être le Soya qui contient la plus grande quantité d'azote. C'est ainsi que le Tôfou, qu'on prépare en coagulant le jus exprimé obtenu en broyant le Soya, est servi par les habitants peu aisés des villages situés au fond des vallées, et qui peuvent ainsi se passer de poissons; on en fait usage en cuisine, même dans les villes et dans les chefs-lieux; les graines peuvent se manger cuites à l'eau avant leur maturité: elles ont un goût excellent. Parmi les variétés dont on mange les graines avec les gousses, on remarque la *(Dolichos umbellatus* Thunb), qui donne des gousses minces et longues de plus de 30 centimètres. Celles-ci deviennent tendres quand on les cuit. Quant aux Dolichos qui sont parvenues à pleine maturité, on n'en mange que les graines préparées qui servent à la confection des gâteaux, le Matsi (gâteau de riz).

L'**Ingén** (*Phaseolus vulgaris*). Cette plante, dont on mange les fruits seulement avec les gousses, présente plusieurs variétés : les unes grimpantes, et les autres non grimpantes. Elles précèdent les autres légumes aux marchés, vers le commencement de l'été.

Le **Hana-Natamamé** (*Canavallia ensiformis*). Les fruits de cette plante se mangent salés avec les gousses, quand ils sont jeunes, et, étant parvenus à pleine maturité, on en emploie les graines en cuisine : c'est un légume magnifique.

L'**Azouki** (*Phaseolus radiatus* L.). Les graines de cette plante sont employées principalement pour la préparation du Motsi (gâteau); sa culture est très répandue. Les espèces de Phaseolus ci-dessus mentionnées et les autres qui sont employées comme légumes, servent presque toutes à la prépation du Motsigasi (gâteau).

5° **Plantes de la famille des Cucurbitacées.**

Les variétés de cette espèce sont nombreuses et très communes. Celles qu'on consomme, en été, sont des cornichons **Kiuri** (*Cucumis sativus*). Ceux-ci diffèrent peu de ceux d'Europe. Au Japon, on les mange frais, salés ou cuits; ils paraissent au printemps. Au commencement de l'été, deux autres variétés leur succèdent (le *Cucumis commun* et *Cucumis flexuosus*). Ces variétés, plus grosses, ont la peau plus tendre, et la chair plus épaisse et plus dense que les premières. L'une de ces variétés est de couleur verte; l'autre est blanche à l'état de maturité. Elles sont employées principalement en salaison.

Le **Makouwaouri** (*Cucumis melo* L.). Le fruit de cette plante a environ 8 centimètres de diamètre et 13 centimétres de longueur. Il n'y a pas de variété de forme ronde. Son goût est doux et consistant. Beaucoup de personnes préfèrent la délicatesse de l'espèce européenne. Le Makouwaouri se mange après l'avoir dépouillé de sa peau qui est couleur d'or, ce qui le distingue du melon européen.

Le potiron **Tônasou** (*Cucurbita pepo* L.). Il y a des variétés qui ont la forme de flacon. Mais les variétés les plus communément répandues ont la forme ronde et aplatie; leur diamètre est de 17 centimètres à 50 centimètres. Les meilleures variétés sont luisantes, couvertes d'excroissances et de couleur jaune à l'état de maturité. Pour l'excellence du goût, elle l'emporte de beaucoup sur l'espèce européenne.

La courge **Hiôtan** (*Lagenaria vulgaris* Ser.). Les variétés de la courge sont nombreuses; ce sont ordinairement celles à l'intérieur étroit et les. plus mûres qui servent à faire des vases à Saké (boisson fermentée du riz), en enlevant la chair intérieure. Mais il y a d'autres variétés qui ont la forme cylindrique, ronde ou autre, et qui ne sont pas bonnes à manger, à cause de leur goût amer; celles qu'on emploie en cuisine ont la forme cylindrique, la chair épaisse et tendre. Mais elles doivent être fendues dans leur longueur, séchées au soleil et conservées, suivant le besoin. Alors, cette variété préparée ainsi prend le nom de **Kampiô**: on ne la mange jamais à l'état frais.

Le melon **Suikwa** (*Citrullus edulis* Spach.). Le melon, qu'on cultivait autrefois au Japon, était ordinairement de forme ronde, avec la peau vert foncé et la chair rouge. Mais des variétés supérieures venues de Chine se sont introduites depuis ces dernières années; elles ont la chair jaune ou blanche et la peau blanche. Ce sont ces variétés qui sont principalement cultivées aujourd'hui. Leur goût est très sucré et la chair tendre a la saveur et la fraîcheur d'une crème glacée.

Le **Tôgan** (*Lagenaria dasistemon* Miq.). On le rencontre surtout dans les îles situées au sud du Japon; il atteint la grandeur extraordinaire d'un sac à riz (capacité d'environ 72 litres) et présente un aspect magnifique: mais celui que produit l'intérieur du pays n'a que 21 centimètres de diamètre environ et 33 centimètres de longueur. Il a la peau d'un blanc vert et efflorescente; sa chair est blanche et tendre; il contient beaucoup d'eau; il a une odeur caractéristique peu agréable, mais il devient un mets exquis par les procédés de l'art culinaire. Autrefois, il était reconnu comme un légume adoucissant et sain et servi aux malades.

Le **Hetsima** (*Luffa petola*). On l'emploie comme légume dans la région sud-ouest du Japon; mais, au nord-est, il n'est

pas reconnu comme une plante alimentaire bonne à manger,
et on l'y cultive seulement pour récolter les fibres intérieures:
ces fibres conviennent pour confectionner la partie intérieure
du chapeau d'été. C'est dans ce but qu'on cultive cette
plante. Pour l'employer en cuisine, il doit être recueilli à
l'état de mi-maturité; sa chair est tendre et son goût excellent. Il y a quelques variétés de *Luffa petola* dont les fruits les
plus gros et les plus longs atteignent une longueur de près
de 2 mètres.

Le **Nigaouri** (*Momortica chavantia*). Au nord-est du Japon,
on recueille ce fruit pour le manger, au moment où il jaunit
et se rompt laissant voir l'intérieur qui est d'un rouge vif.
Il est vert au commencement de la fructification et se produit
abondamment. Mais dans la région sud-ouest, on emploie le
fruit qui n'est pas très mûr en cuisine et de diverses manières:
le fruit de cette variété est gros et quelquefois atteint une
longueur d'environ 30 centimètres. Sa couleur est blanche et
son goût peu amer. Mais les autres variétés dont on vient de
parler plus haut ont un goût fort amer.

L'aubergine **Nasou** (*Solanum melongena*). Les variétés de
cette plante sont nombreuses. Celle qu'on cultive communément a la forme ovale: sa longueur ne dépasse pas 8 centimètres environ et elle ne présente pas un aspect magnifique,
mais sa récolte est abondante. Il y a des variétés dont les
fruits atteignent une longueur d'environ 132 millimètres;
d'autres sont petites, mais leur peau est magnifique; l'aubergine blanche, grosse comme un œuf de poule, ne s'emploie
que comme plante d'ornement. Une des deux variétés qui sont
venues de la Chine, depuis ces dernières années, a un diamètre d'environ 3 centimètres sur une longueur d'environ
30 centimètres. L'autre a la forme ronde ou ovale et un diamètre d'environ 15 centimètres. La récolte n'en est pas
abondante et leur goût est peu apprécié.

6° **Plantes du genre oignon.**

Il y a beaucoup d'espèces d'oignons; l'oignon commun
(*Allium cepa*) du Japon n'a pas de bulbe comme celui d'Europe. On le cultive en mettant de la terre autour des tiges
(comme on fait à la betterave) pour récolter les tiges blanches.

La longueur de ces oignons atteint environ 30 centimètres; ils sont magnifiques. Il y en a d'autres qui sont gros et qu'on ne cultive pas pour les tiges blanches; ils sont tendres quand on les cuit et le goût en est très bon.

L'ail **Ninnikou** *(Allium sativum)* ne diffère pas de celui d'Europe. Cependant, pour le manger, on en recueille les tiges et les feuilles avant que la bulbe se soit formée; ensuite, il existe une variété dont les tiges et les feuilles poussent vigoureusement. Il n'y aurait aucun légume dont le bon goût soit préférable à celui de l'ail. Mais son odeur persistante et désagréable après manger, le fait bannir de la cuisine.

L'oignon **Wakéghi** *(Allium ascolonicum)* est une variété dont les pieds se multiplient en abondance. Ce légume est économique, quand on le cultive dans un coin et en petit. On en compte deux ou trois variétés.

Le **Niva** *(Allium schoonoprasum)*. Cultivé en petit, ce légume est également économique. Lorsqu'il est une fois planté, on en coupe toujours les feuilles qui se renouvellent; il peut ainsi donner plusieurs coupes dans une année.

Le **Rakkiô** *(Allium sedescens)*. On le cultive pour en récolter les bulbes dont on fait une sorte de conserve avec du vinaigre et qui ne s'altère pas, même après un très long temps; on en mange aussi les feuilles.

7° Plantes à bourgeons alimentaires.

Parmi les plantes de cette catégorie, les principales, parmi celles qui sont bonnes à manger, sont les jeunes bambous. Les cinq ou six variétés qui servent d'aliment, ont toutes bon goût. Les propriétaires qui ont quelques hectares de terrain plantés de bambous, aux environs des villes, en tirent beaucoup de bénéfice. On donne de l'engrais à ce terrain pendant le grand froid, et on récolte les jeunes bourgeons au commencement du printemps. Ceux-ci sont tendres et de bon goût. On donne le nom de *Môsô (Bambusa môsô)* à la variété qui est la plus magnifique et la plus grande. A mesure que la saison s'avance, les autres variétés comme *Madaké, Hatsiku, Kosan* poussent successivement. Mais leur grandeur n'arrive qu'au quart ou au dixième de la première variété et elles ne sont pas d'aussi bon goût.

Le **Fouki** *(Petasites japonicum)*. Le Fouki croît spontanément dans les montagnes et aux champs. Mais il y a des agriculteurs qui le cultivent. On emploie ses tiges dont le diamètre ordinaire est d'environ 133 millimètres et la longueur de 30 centimètres. Une variété appelée *Akitabouki* a un diamètre d'environ 3 centimètres, sur une longueur d'environ 1m,20. Cependant elle est très dure et le goût n'en est pas bon. Dans la localité d'Akita, on l'emploie comme légume au moment où elle atteint une longueur d'environ 1 mètre, alors elle est tendre et de bon goût.

Le **Tsouwaboutu** *(Senecio Kaempferi* D. C.). La feuille de cette plante est épaisse et sa surface est lisse.

L'**Oudo** *(Aralia cordata)*. Pour le cultiver on fait des fosses et on y met ses racines, après avoir donné l'engrais d'excréments de chevaux, répandu à la surface de la terre. Cette opération a lieu pendant la saison du grand froid. Les racines poussent des bourgeons blancs. C'est un légume d'un goût délicat et d'une odeur agréable.

Le **Mitsoubaseri** *(Cryptotænia canadensis)*. Le procédé de culture de cette plante est le même que celui de l'asperge ou de la betterave en Europe. Ce légume est d'une odeur agréable et d'un goût savoureux. Elle n'est pas grande comme la betterave, mais elle est tendre.

La fougère **Warabi** *(Pteris aquilina)* et le **Zemmai** *(Osmunda regalis)*. Toutes les deux sont des plantes qui croissent spontanément dans les montagnes et aux champs. On recueille au printemps les jeunes bourgeons roulés qui poussent sur la tête. Il y a des cultivateurs qui le plantent dans les jardins potagers. Le procédé de culture est le même que celui de Oudo. Nous ne pensons pas qu'en Europe, on emploie en cuisine ces deux sortes de plantes. Pour les employer alimentairement, on en recueille les jeunes bourgeons, on les sèche au soleil et on les conserve; ils deviennent des légumes d'un goût excellent. En hiver, on emploie aussi les pousses blanches de Daïzu *(Soja hispida)* et de Shozu (variété) qui se produisent si on entretient l'humidité et la chaleur. C'est un mets exquis.

Le champignon **Také** *(Agaricus)*. Quoique le champignon ne soit pas une plante à bourgeons alimentaires, il est convenable de dire un mot sur ce végétal comestible. Au Japon, il n'y a pas d'espèce qui se cultive en serre. Depuis longtemps, on récolte le champignon, qui pousse spontanément sur les tas de bois de *Quercus* qu'on abat dans les forêts ; on emploie aussi en cuisine plusieurs sortes de *Peziza* qui croissent sur les troncs d'arbres morts. Parmi les *Agaricus*, ceux qui viennent dans les bois de pins sont d'une odeur très agréable, grands et magnifiques, et les truffes sont aussi très estimées. Il y a plus de vingt espèces d'*Agaricus* qui sont employées à la cuisine dans toutes les parties du Japon, mais deux ou trois espèces seulement sont cultivées.

8° **Plantes aquatiques.**

L'espèce principale des plantes de cette catégorie est le nénuphar **Hashu** *(Nelumbium speciosum* Willd), qui se cultive au bord des étangs et dans les marais, d'abord comme plante d'ornement ; puis on en récolte la racine. C'est un légume de la saison d'hiver. La racine la plus grosse a environ 9 centimètres de diamètre sur une longueur de près de 1 mètre. C'est un mets excellent. Une variété de nénuphar, qui est venue de Chine dans ces dernières années, a la racine grosse mais courte.

Le **Kouwaï** *(Sagittaria sagittæ-folia)*. C'est une plante avantageuse à cultiver dans les terrains marécageux ; on en récolte les racines tuberculeuses à l'automne et on les emploie en cuisine ; un seul plant produit douze ou treize tubercules, ce qui rend la production abondante ; les tubercules ont une odeur aromatique particulière, quand on les mange préparées culinairement. Aussi sont-elles estimées. Une variété *(Scirpus articulatus)* qu'on nomme **Kouwaï** ou **Shuita-Kouwaï** est, en botanique, une plante toute différente de la première, mais ses racines sont semblables à celles de l'autre et seulement un peu plus petites. Elles se mangent à l'état frais.

Le **Junsaï** *(Brascnia peltata)*. Il croît au bord des vieux étangs et des marais ; les jeunes feuilles, qui ne s'élèvent pas encore à la surface de l'eau, sont couvertes d'une substance transparente et visqueuse. Ce sont ces feuilles qu'on recueille pour les manger avec du vinaigre ; c'est un légume d'un goût délicat.

Le persil **Séri** (*Ocnanthe stolonifera* D. C.). Cette plante croît dans les terrains humides, ruisseaux, étangs et fossés. Les jeunes feuilles qui végètent au commencement du printemps sont culinairement préparées et mélangées avec le poisson.

Toutes ces plantes aquatiques, ci-dessus mentionnées, se plaisent au bord des étangs et dans les marais abandonnés. Elles sont une ressource pour le pays.

9° **Plantes à épices.**

Le gingembre **Shôga** *Zingiber officinalis*. C'est une des épices les plus communes et les plus indispensables ; les jeunes racines qui se produisent au commencement de l'automne sont les plus estimées. A l'état de maturité, on les emploie principalement comme épices, on les dessèche et on les pulvérise.

On les cultive aussi en serre chaude, pour en récolter les jeunes germes. Ces jeunes pousses, assaisonnées avec du vinaigre, ont un goût aromatique très fin.

Le raifort **Wasabi** (*Entrema Wasabi*). Pour la culture de cette plante, on choisit un terrain dans une vallée arrêtée par un cours d'eau. On en récolte les racines. Il existe une variété appelée aussi **Wasabi** dont les feuilles préparées avec du vinaigre sont d'un goût exquis.

Le sénevé **Karasi** (*Sinapis nigra*). Il paraît que l'espèce de sénevé du Japon est la même que celle du sénevé noir d'Europe ; il y en a d'autres qui sont : le Sénevé à feuilles, le sénevé jaune, etc ; le sénevé à feuilles est cultivé pour ses feuilles.

Le **Tadé** (*Polygonum japonicum*). Les variétés en sont nombreuses. Le Tadé est également une épice ; on en emploie les feuilles.

Le **Siso** (*Perilla arguta*). La variété la plus estimée de cette plante est celle dont les feuilles sont frisées et de couleur pourpre foncé. Les plantes qui sont mentionnées ci-dessus ont le goût piquant, étant employées comme légumes. Mais le Siso ne l'a pas ; son odeur est seulement aromatique et, de ses feuilles, d'une riche couleur pourpre, on exprime le jus qui sert à donner aux préparations alimentaires une odeur aromatique et une couleur magnifique. Il y a plusieurs manières de l'employer. De plus, on recueille les épis du Siso pour saler ou préparer les gâteaux. C'est un légume qui a de nombreux modes d'emploi.

Le pavot **Kési** *(Papaver Phasas)*. Cette plante est cultivée pour ses fleurs. Ses graines mûres sont employées comme aromate et entrent dans la confection des gâteaux. Pour récolter les graines, on doit préférer l'espèce qui donne des fleurs simples et blanches.

Dessins des Légumes.

PREMIÈRE PLANCHE

Fig. 1.

Le radis **Daiko** *(Raphanus raphanistrum* L.), dit *Sakurasima-Daïko* croît dans les pays chauds, se développe au printemps de l'année qui suit sa plantation ; c'est le plus gros du genre *Raphanus*.

Fig. 2.

Le radis **Daiko** *(Raphanus raphanistrum* var.), dit *Myas·gé-Daïko*. Variété remarquable longue et grosse.

Fig. 3.

Le radis **Daiko** *(Raphanus raphanistrum* var.), dit *Harou-waka-Daïko*.

Fig. 4.

Le radis **Daiko** *(Raphanus raphanistrum* var.), dit *Nérina-Daïko*, nature robuste, croît dans toutes les régions.

Fig. 5.

Le radis **Daiko** *(Raphanus raphanistrum* var.). Variété récoltée au printemps, excellente qualité.

Fig. 6.

Le navet **Kabou** (*Brassica campestris* L.), dit *Hinokabu.* Variété la plus abondante du navet rouge.

Fig. 7.

Le navet **Kabou** (*Brassica campestris* var.), dit *Tennôji-Kabou.* Variété la plus abondante du navet blanc; goût excellent.

Fig. 8.

Le navet **Kabou** (*Brassica campestris* var.), dit *Ko-Kabou,* peut se cultiver pendant les quatre saisons; la racine est petite et de goût exquis.

DEUXIÈME PLANCHE

Fig. 1.

Le **Gobô** (*Lappa major*). Variété dite *Iwatsouki.* La racine est grande et belle.

Fig. 2.

Le **Gobô** (*Lappa major*), espèce commune.

Fig. 3.

La carotte **Ninjin** (*Daucus carota*), espèce commune.

Fig. 4.

La carotte **Ninjin** (*Daucus carota* var.), dit *Kintoki,* couleur rouge foncé.

Fig. 5.

Le **Yama-Imo** (*Dioscorea japonica*) croît spontanément; goût exquis.

Fig. 6.

Le **Yamano-Imo** (*Dioscorea japonica* var.), dit *Tsoukou-Imo.* Sa racine n'entre pas profondément dans le sol : elle est facile à récolter.

Fig. 7.

Le **Konnyakou** (*Conophallus Konjak*). On fait une sorte de pâte avec la racine tuberculeuse de cette plante pour l'employer culinairement.

Fig. 8.

Le **Kashu-Imo** (*Dioscorea japonica bulbifera*).

TROISIÈME PLANCHE

Fig. 1.

La patate **Imo** (*Colocassia antiquorium*), dit *Akazuiki*. On mange principalement la racine, mais la tige qui n'est pas rance, est également consommée.

Fig. 2.

La patate **Imo** (*Colocassia antiquorium* var.). La racine se mange et la tige également, quand elle est jaune.

Fig. 3.

La patate **Imo** (*Colocassia antiquorium* var.), dit *Kosinaga*. La tige longue du tubercule est tendre après la cuisson.

Fig. 4.

La patate **Imo** (*Colocassia antiquorium* C. A. var.), dite *Yatsugasira*, donne beaucoup de jeunes tubercules; le goût en est excellent.

Fig. 5.

La patate **Satsuma-Imo** (*Batatas edulis*), dite variété *Atsouki*. Sa couleur est pourpre jusqu'à l'intérieur de la chair. Le goût en est excellent.

Fig. 6.

La patate **Satsuma-Imo** (*Batatas C.* var.). dite variété *Takashou:* la plus précoce de toutes.

Fig. 7.

La batate **Satsuma-imo** (*Batatas C.* var.), récolte abondante.

Fig. 8.

La batate **Satsouma-imo** (*Batatas C.* var.), dite variété *hollandaise ;* la peau et la chair sont blanches en partie, mais la chair est charnue, dure et cassante.

QUATRIÈME PLANCHE

Fig. 1.

Le chou **Na** (*Brassica chinensis*), dite *Santôsaï* du nom du lieu de son origine en Chine. La feuille large est bien enveloppée. Magnifique légume.

Fig. 2.

Le chou **Na** (*Brassica chinensis* var.), chou commun dit *Mikawashima*.

Fig. 3.

Le chou **Na** (*Brassica chinensis* var.), dit *Taïna*, originaire de Chine; il est plus petit que le chou Santôsaï, mais plus vigoureux, et propre à être salé.

Fig. 4.

Le chou **Na** (*Brassica chinensis* var.), dit *Kiôna;* un seul plant produit quantité de tiges. Elles servent à saler les aliments.

Fig. 5.

Le chou **Na** (*Brassica chinensis* var.), dit *Komatsouna;* il est petit, mais tendre après la préparation culinaire.

Fig. 6.

Le **Tsourouna** (*Tetragonia expansa*), est représenté en partie sur la figure.

CINQUIÈME PLANCHE

Fig. 1.

Le **Natamamé** (*Canavolia ensiformis*). Quand il est jeune, sa gousse est salée; on en emploie la graine en cuisine. A l'état de maturité, il est deux ou trois fois plus grand qu'il n'est représenté sur la figure.

Fig. 2.

Le pois **Endô** (*Pisum sativum*), dit *Saya-endô*, parce qu'il est employé culinairement avec la gousse. Sa fleur est blanche, son sarment long; il fleurit la première saison de l'année.

Fig. 3.

Le **Foujimané** *(Dolichos cultratus* Thunb.).

Fig. 4.

L'**Azouki** *(Phaseolus radiatus).* Il y a deux espèces d'Azouki, une rouge et une blanche, employées toutes deux à la préparation du Motsi (sorte de gâteau).

Fig. 5.

Le **Daïzou** *(Soja hispida)* est employé à la préparation de Tôfou (fromage de soja) et miso (sorte de pâté), et shôyu (sauce japonaise). Quand il est peu avancé en maturité, il se mange cuit et est très bon.

Fig. 6.

Le pois **Ingén** *(Phaseolus vulgaris),* variété dont la fructification est précoce.

Fig. 7.

La fève **Soramamé** *(Faba vulgaris),* espèce commune.

SIXIÈME PLANCHE

Fig. 1.

Le **Reisi** *(Momordica charantia),* espèce longue d'un blanc verdâtre, goût légèrement amer.

Fig. 2.

Le **Reisi** *(Momordica charantia* var.), espèce commune, fort amère.

Fig. 3.

La courge **Hetsima** *(Luffa petola)* est employée en cuisine quand elle est jeune; alors, elle est tendre et d'un bon goût. À l'état de maturité, on emploie sa fibre intérieure.

Fig. 4.

L'aubergine **Nashou** *(Solanum melòngena),* espèce commune, de récolte abondante.

Fig. 5.

L'aubergine **Nashou** *(Solanum melongena* var.), dite *Naga-nashou,* espèce magnifique; elle diffère de l'espèce longue de Chine.

Fig. 6.

Le **Makouwa** *(Cucumis melo)*. La peau mince de couleur jaune d'or : le fruit est petit et fort doux.

Fig. 7.

Le **Togan** *(Lagenaria daristemon)*, petite espèce commune.

Fig. 8.

Le cornichon **Kiuri** *(Cucumis sativus)*, espèce commune, précoce.

Fig. 9.

Le potiron **Tônashou** *(Cucurbita pepo)*, espèce commune, à la chair dure et sucrée.

Fig. 10.

Le concombre **Sirouri** *(Cucumis commun)*. En été, on le trouve au marché avec le cornichon.

SEPTIÈME PLANCHE

Fig. 1.

L'oignon **Néghi** *(Allium capa)*, espèce de grosse et longue racine.

Fig. 2.

L'oignon **Néghi** *(Allium capa* var.), espèce commune.

Fig. 3.

L'oignon **Néghi** *(Allium capa* var.), dit *Yagura-néghi.*

Fig. 4.

L'ail **Ninnikou** *(Allium sativum)*, espèce commune.

Fig. 5.

Le **Rakkiô** *(Allium senescens)*. De la racine bulbeuse on fait une sorte de conserve.

Fig. 6.

Le **Nira** *(Allium shœnoprasum)*. Ses feuilles entrent dans l'alimentation.

Fig. 7.

Le **Wakéghi** *(Allium ascolnonicum)*. Il est petit, mais sa racine peut se séparer et produire d'autres pieds.

HUITIÈME PLANCHE

Figure 1.

Le jeune **Bambou** *(Bambusa pubecula)* de *Madaké*, pousse en été.

Fig. 2.

Le jeune **Bambou** *(Bambusa pubecula* var.*)* de *Hatsiku*.

Fig. 3.

Le jeune **Bambou** *(Bambusa pubecula* var.*)* de *Môsô*, le plus beau et le plus grand ; il pousse au commencement du printemps.

Fig. 4.

Le lis **Uri** *(Lilium tigrinum* Gault*)*, dit *Oni-uri*; on le cultive communément pour sa racine bulbeuse.

Fig. 5.

Le lis **Uri** *(Lilium tigrinum* var.*)*, même espèce que la précédente, celle qui croît à Foujigashé se nomme *Fujigashe-uri*.

Fig. 6.

Le lis **Uri** *(Lilium tigrinum* var.*)*, dit *Himé-uri*.

Fig. 7.

Le champignon **Také** *(Agaricus)*, dit *Matrudaké*, parce qu'on le trouve dans les bois de sapins ; c'est ainsi qu'on représente les feuilles de sapin.

Fig. 8.

Le champignon **Také** *(Agaricus)*, dit *Himéji;* il pousse à la racine du chêne *(Quercus dentata)*, etc.

Fig. 9.

Le champignon **Také** *(Agaricus)*, dit *Hatsoudaté*.

Fig. 10.

Le champignon **Také** *(Agaricus)*, dit *Sïtaké*, vient à la racine du *Quercus cuspidata*.

Fig. 11.

La truffe **Také** *(Tuber spodicum)*, dit Syôro, se trouve dans les bois de sapins.

NEUVIÈME PLANCHE

Figure 1.

Le **Fouki** *(Petasites japonicus)*, dit *Akitafouki ;* c'est la plus grande espèce.

Fig. 2.

Le **Fouki** *(Petasites japonicus* var.), espèce commune.

Fig. 3.

L'**Oudo** *(Aralia cordata)* est représenté par une jeune pousse.

Fig. 4.

La fougère **Warabi** *(Pteris aquilina)* est représentée par une jeune pousse.

Fig. 5.

Le gingembre **Shôga** *(Zingiber officinalis)*.

Fig. 6.

Le raiford **Wasabi** *(Entrema wasabi)* est représenté par une racine ; son odeur aromatique est très agréable.

Fig. 7.

La fleur de **Fouki** *(Petasitis japonica)*.

Fig. 8.

Le **Zemmal** *(Osmunda regalis)* est représenté par une jeune pousse.

DIXIÈME PLANCHE

Figure 1re.

Le **Siso** *(Prilla arguta)* est aussi représenté par des épis d'un pourpre foncé.

Fig. 2.

L'**Aojéso** *(Prilla arguta* var.) est plus aromatique que l'espèce précédente.

Fig. 3.

Le **Kouwai** *(Sagitarea sagitata)* et sa racine.

Fig. 4.

Le nénuphar **Hasu** *(Nymphas)*, bouton et racine.

Fig. 5.

Le **Mitsouba** *(Cryptocœnia canadensis)*, très aromatique et très agréable.

Fig. 6.

Le **Tazéri**, espèce de persil.

Fig. 7.

Le **Kourokouwaï** *(Scirpus articulatus)*, racine tuberculeuse.

Fig. 8.

Le **Sanshô** *(Capricum)*.

Fig. 9.

De **Tadé** *(Poligonum japonicum)*, dit *Yanaghiba*. Une jeune feuille et une tige aromatiques, de goût piquant.

Dessins des arbres à fleurs du Japon.

Le Japon est riche en arbres à fleurs. Il est regrettable que les étrangers ne les connaissent pas ; les fleurs des cerisiers. entre autres, sont très renommées au Japon. Nous reproduisons au dessin des fleurs de cerisiers et de chrysanthèmes, qui sont très appréciées aujourd'hui en Europe et en Amérique,

9 variétés de cerisiers.

11 variétés de chrysanthèmes.

Fruits imités.

ARBRES A FRUITS CHARNUS

Poirier, Nashi. Le poirier du Japon n'est pas de la même espèce que celui d'Europe. Il semble plutôt appartenir à l'espèce (*Pyrus usuriensis Max*) qui croît en Sibérie et en Russie et qui est une espèce que les cultivateurs européens appellent poirier chinois. L'aspect de l'arbre est vigoureux ; la feuille est large, épaisse, d'un vert foncé et d'un aspect rude : le fruit est allongé en forme de flacon ou arrondi. Mais la meilleure espèce affecte la forme ronde ; la peau extérieure du fruit qui n'est pas encore parvenu à sa maturité est d'une couleur verte qui se transforme en couleur brunâtre tachetée, au moment de maturité. La chair est dure, cassante et blanche. Le fruit de la meilleure espèce est sucré, et sa chair cassante est agréable à manger. Mais la plupart d'entre elles ont la chair rude et le goût assez âcre. Toutes ces espèces viennent peut-être d'espèces sauvages qui se sont améliorées. On trouve quantité de ces arbres sauvages dans les montagnes et dans les champs.

Pommier, Ringo (*Pyrus malus* L.). Le pommier du Japon n'a pas la même origine que le pommier commun d'Europe. C'est une espèce que les cultivateurs d'arbres fruitiers, en Amérique, appellent vulgairement pommier sibérien ou pommier sauvage *(Pyrus baccata)*. Au nord-est du Japon, cet arbre atteint une circonférence d'environ un mètre, et le fruit dépasse 3 centimètres de diamètre. Mais, à mesure qu'on s'avance vers le sud, la grandeur du fruit diminue jusqu'à n'avoir plus qu'un diamètre de 15 millimètres, et à l'extrémité du sud-ouest, cet arbre même disparaît dans les régions où la culture des poiriers est très répandue. Le pommier semble ne plus être classé parmi les arbres fruitiers.

Cognassier, Marumero *(Cydnia vulgaris)*. Il y en a plusieurs espèces : le Kwarïn *(Pyrus chinensis)* et le Boké *(Pyrus japonica)* sont de la même espèce. Il produit une sorte de grand fruit fort apprécié en Amérique, depuis quelques années, sous le nom de Maumero japonais ; il existe des cognassiers qui fructifient en pot. S'ils sont bien cultivés, leurs fruits sont employés dans la confiserie.

Akebi ou **Boké sauvage** *(Akebia quinata)*. — Il est grimpant. Son fruit offre des compartiments dans l'intérieur ; sa forme est ronde et aplatie. Sa grosseur est celle d'œuf de poule et d'une belle couleur pourpre. Sa chair est tendre ; mais, en raison de sa peau épaisse, il n'y a pas à craindre de dommage pendant le transport. Ce fruit renferme des pépins ; son odeur est aromatique et le goût très sucré. L'espèce commune croît même dans les régions froides ; la feuille et le fruit sont petits ; mais une espèce vigoureuse nommée Mube *(Stauntonia hexaphylla)* donne des fruits de grosseur double ; elle croît dans la région chaude du sud-ouest.

Kaki *(Diospyrus Kaki)*. C'est un arbre du Japon à fruits remarquables. Depuis ces dernières années, on le cultive dans les parties méridionales de l'Europe et de l'Amérique. Mais comme les cultivateurs ne connaissaient pas bien la nature de ce fruit, ils ne le cultivent pas bien et n'obtiennent aucun bon résultat, même après plusieurs années de tentatives. Nous croyons utile d'en dire un mot pour ces personnes. Et d'abord, ceux qui voudront cultiver le Kaki : l'une douce et l'autre astringente. Mais en Europe, on ne connaît pas cette différence bien essentielle, et on sert à table indifféremment les deux sortes de Kaki, dès qu'elles sont arrivées à maturité : c'est une erreur grave qui vient de l'ignorance où l'on est sur la nature du Kaki. Le Kaki doux n'a jamais d'âcreté, même quand il est encore vert. Mais quelques espèces de Kaki astringent ne perdent pas ce goût, même au moment de la pleine maturité. En général, le Kaki mûr est d'une saveur douce et fine, mais pendant la maturation, l'action du vent, de la pluie et des oiseaux peut lui communiquer l'âcreté.

C'est dans ces conditions qu'on récolte le Kaki astringent, même avant qu'il ait atteint sa pleine maturité. Alors on s'applique à faire disparaître le goût astringent par une certaine préparation : Hosgaki (Kaki séché). Le moyen à employer est de mettre le Kaki dans des barils vides de saké (boisson fermentée du riz) qui ont conservé l'odeur du saké et qu'on ferme hermétiquement. Au bout de six ou sept jours, le goût astringent disparaît et le Kaki se transforme en beau fruit charnu d'un goût très sucré. Si l'odeur de saké dans des barils n'est pas assez forte pour adoucir le Kaki, on y ajoute une quantité nécessaire de saké. Quant au Kaki dont il est difficile de faire disparaître le goût astringent, on le traite de la manière suivante : Dans un grand baril, on met de la paille de riz, des tiges de batate et du charbon de bois ; on verse de l'eau tiède et, après avoir agité le tout, on y met le Kaki et on le couvre de ces matières. Au bout de quatre ou cinq jours, le goût astringent disparaîtra complètement. Mais le Kaki qui a reçu cette opération n'a pas aussi bon goût que celui qui a été préparé par le procédé précédent. Le Kaki se mange encore desséché ; à cet effet, on dépouille la peau du Kaki et on le suspend au toit de la maison ; il se noircit en séchant, il peut alors se manger, il est très sucré. Si on conserve le Kaki bien sec, il se couvre de poudre blanche et présente un plus bel aspect. Les deux grandes divisions de Kaki dont nous venons de parler se subdivisent en grande espèce, en petite espèce, en longue espèce, en courte espèce : le poids le plus grand du Kaki est de près de 320 grammes et celui du petit ne dépasse pas 4 grammes. Pour les diverses formes de chaque espèce, voir les objets limités qui sont exposés à la section japonaise.

Figuier, Itsijiku *(Ficus carica)*. Le figuier du Japon ne diffère pas de celui de l'Europe. Mais il y a deux ou trois variétés. La meilleure est le figuier grimpant qui s'attache aux grands arbres. Mais personne ne le cultive.

Néflier, Biwa *(Eriolotrya japonica)*. Est une des plantes qui croissent au Japon. Dans la région chaude du sud, il n'y a pas un cultivateur qui ne le plante. Le néflier du Japon possède quelques variétés, mais on peut dire qu'il n'y en a véritablement que deux, dont l'une a le fruit grand et long, l'autre, le fruit rond et petit. La première est charnue et pleine de jus, mais son goût n'est pas aussi doux que celui de la seconde, qui s'appelle Siro-biwa *(nèfle blanc)*. La grappe est serrée, le fruit est de saveur douce et excellente. Le néflier fleurit en hiver et il précède tous les autres arbres fruitiers en maturité; il est avantageux de le planter dans les régions chaudes; il fructifie bien à l'ombre des autres arbres.

Kemponasi *(Horenia dulcis)*. Devient un grand arbre, sa floraison a lieu dans le mois de juin ; dès lors, l'ovaire devient grand et charnu et le fruit prend un goût doux et excellent vers la fin de l'automne; le goût est celui de la poire; on le vend après en avoir lié les petits rameaux ; c'est un fruit de singulière forme.

Grenadier, Jakuzo *(Prunita granatum* H.*)*. Possède de nombreuses variétés; il est cultivé presque toujours pour les fleurs, mais il y a deux ou trois variétés qu'on cultive pour les fruits. La meilleure est celle qui donne un grand fruit couleur de sang, dont le goût est fort sucré. Une autre variété donne un fruit blanc comme le cristal de roche. Des variétés, qui sont des plantes d'ornement, ont la fleur rouge, blanche nuancée de rouge, et enfin entièrement blanche et double. Ces fleurs sont très jolies.

LA FAMILLE DE *Citrus* (Kankitsu).

Elle possède de nombreuses espèces, Au Japon, il n'y a que quelques genres qui diffèrent. Cependant les variétés de mandarines sont presque innombrables; mais le fruit est petit, le plus gros ne dépassant pas un diamètre de 6 centimètres. Ce dernier, même, se trouve rarement. Toutefois, il y en a une meilleure espèce dont le fruit n'a pas de pépin; il en existe une autre qui fleurit et fructifie pendant les quatre saisons. Il y a deux variétés d'oranger : l'une dont le fruit a la peau épaisse, l'autre dont la peau est mince. La première est une variété originaire du Japon.

Le Pumeros possède trois ou quatre variétés. Le goût savoureux de la chair est bien supérieur à celui du même fruit que produit l'Amérique du Sud.

Bussukan *(Citrus medica)*. A la peau très épaisse ; il est de forme allongée et est divisé, à son extrémité, à peu près comme la main de l'homme ; sa chair ne se mange pas ; on emploie son écorce en confiserie. L'arbre n'atteint pas une grande hauteur. Par conséquent, on peut le planter en caisse.

Daïdaï *(Citrus bigaradia)*. Est très répandu dans la région du Sud ; il ne donne pas de bon fruit, mais comme on peut le conserver longtemps, si on le mange à la fin du printemps de l'année suivante, il n'est plus amer mais doux.

Citronnier, Uzu *(Citrus aurantium)*. La tendresse de la chair du citron ressemble à celle de l'orange ; les branches du citronnier ont beaucoup d'épines ; le fruit est plus acide qu'a- mer. Les membranes intérieures ne sont pas pleines ; les deux espèces ci-dessus mentionnées sont celles qui peuvent le mieux supporter le froid.

Kinkan *(Citrus japonica)*. Il est appelé citronier de la Chine en Amérique. Son fruit est le plus petit de tout le genre de *Citrus* ; l'arbre aussi est petit ; il y en a trois variétés. Celle qui donne le fruit ovale et relativement grand atteint une hauteur de près de 3 mètres, mais la variété qui produit le petit fruit rond croît à peine à la hauteur de 75 centimètres : on mange ces fruits avec la peau : ils sont aromatiques et de bon goût. Celui qui est planté en pot est charmant.

ARBRES FRUITIERS A NOYAUX

Mumé *(Prunus mume)*. Au Japon, il n'y a presque point de jardin ni de ferme où cet arbre ne soit planté. Il a plusieurs centaines de variétés qu'on ne peut pas nommer ici : il est principalement cultivé pour ses fleurs. Donc on voit que les fleurs de Mumé comprennent de nombreuses espèces. Les variétés dont on récolte les fruits sont, pour la plupart, à fleur blanche. Du reste, le Mumé n'est qu'une variété d'aman- dier ; il se distingue seulement par son fruit fort acide et il ne se mange guère quand on vient de le cueillir. Il est em- ployé comme épice et est très estimé depuis longtemps, parce qu'il ne se corrompt pas, même après quelques années de conservation.

Amandier, Anzu *(Prunus armonica)*. Ce fruit se mange quand on vient de le cueillir ; il n'y a rien à mentionner.

Pêcher, Momo *(Amygdalus persica)*. La plupart des pêchers ont de belles fleurs, mais leurs fruits n'ont pas bon goût ; ils ont des fleurs rouge foncé, blanches, nuancées de rouge et de blanc ou doubles comme le Mumé. Dans ces dernières années, on a introduit au Japon de meilleures espèces, venant de Chine, et on cultive les pêchers qui donnent gros et savoureux. Une variété nommée Issai-momo fleurit par semis au bout d'une année, mais ne donne des fruits qu'après quelques années. Une variété nommée Amendô *(Prunus communis)*, en outre de Zubaï-momo *(Amygdalus retarina)*, est un petit arbre et porte des fleurs serrées et des feuilles bien fournies ; elle est employée principalement pour la plantation en pot.

Prunier, Sumomo *(Prunus triflora)*. Il a de nombreuses variétés, parmi lesquelles beaucoup d'excellentes. L'étude de la nature du prunier et de son fruit a fait reconnaître que le prunier du Japon est d'une autre espèce que celle qu'on cultive en Europe et en Amérique. Parmi les espèces exotiques, beaucoup donnent des fruits d'une forme ovale, tandis que le fruit du prunier du Japon a la forme ronde, à l'exception de celui qui est en forme de cœur. Quoique les prunes exotiques prennent la couleur rouge pourpre dès qu'elles sont à l'état de maturité, elles ne sont colorées qu'à la surface, et la chair intérieure reste ordinairement d'une couleur vert-jaune. Mais le fruit de l'espèce indiquée est rouge à l'extérieur et à l'intérieur. Il est fort beau. Il y en a d'autres dont la peau est rougeâtre et l'intérieur rouge vif. En outre, il existe quelques variétés qui ont la peau rouge et la chair jaune comme celles d'Europe. Mais la forme de l'arbre est différente. Une espèce qu'on désigne en Amérique depuis ces dernières années sous le nom de prunier du Japon, donne un gros fruit en forme de cœur. Elle a deux ou trois variétés qu'on appelle Botankio ou Hatankio. Son fruit prend la couleur rouge chair et sa chair présente un aspect transparent.

Cerisier, Sakura *(Prunus cerasus)*. Le cerisier du Japon est employé comme fleur d'ornement ; il y a plus d'une centaine de variétés ; il est fécond en fleurs magnifiques. Ce sont, au Japon, des fleurs remarquables, mais le fruit est petit, d'un goût amer et ne peut se manger.

Usura-Mumé *(Prunus tomentosa)*. Est un arbrisseau d'une hauteur qui varie de 1ᵐ,30 à 20ᵐ,30, et dont la fleur est blanche et le petit fruit gros comme une cerise *(Prunus pseudo-cerasus)*. Une autre variété est nommée Niwamumé *(Prunus japonica)*. Cet arbre et son fruit sont plus petits. Sa fleur est d'une couleur rouge clair ; sa feuille est également plus petite que celle des précédents et plus longue. Ces deux variétés fructifient abondamment et la maturation est rapide.

Yama-Momo *(Myrea rubra)*. Croît spontanément dans les montagnes et dans les champs des régions chaudes ; son fruit est rouge ou blanc à la maturité, et le fruit rouge ressemble à la fraise. L'arbre, toujours vert, atteint quelquefois la grosseur d'une brassée et donne une abondante récolte.

Jujubier, Natsumé *(Zizyphus vulgaris)*. Est un petit arbre d'une hauteur d'environ 2ᵐ,50. Sa branche flexible retombe sur la terre. Il donne un petit fruit ovale et rouge vers le mois d'octobre ; il en existe deux variétés dont l'une donne le fruit ovale et l'autre le fruit rond. On emploie ce fruit séché en médicament. C'est un fruit d'un goût agréable et doux.

PLANTES A FRUITS SECS

Châtaignier, Kuri *(Castania chinensis)*. Au Japon le châtaignier pousse partout ; il y a beaucoup de bois de châtaigniers. Les variétés en sont nombreuses ; la différence entre le fruit le plus grand et le fruit le plus petit est de un à huit ou neuf. L'arbre qui produit le petit fruit est petit aussi et donne beaucoup de fruits qui sont de bon goût.

Noyer, Kurumi *(Juglans regia)* a aussi de nombreuses variétés. Celle qu'il faut mentionner ici donne un fruit à noyau tendre ; cette variété croît partout et le noyau est si peu résistant qu'on peut facilement l'écraser avec les doigts. Comme il se rencontre souvent que ce fruit est un peu amer, le cultivateur de cette plante devra y faire attention.

Ginnan *(Salisburia adiantifolia)*. On rencontre souvent les grands arbres dans des régions chaudes ; il atteint quelquefois une grosseur de 6ᵐ,60 de circonférence et donne un hectolitre de fruits. Son bois est dur et dense ; il vit plusieurs centaines d'années. Ses fruits se mangent cuits.

Sii *(Queleus cuspidata)* croît en quantité dans les forêts des régions chaudes ; il a une variété qui donne le grand fruit rond, et une autre, le petit fruit long : ce sont les plus communément employés après la châtaigne ; ces fruits se mangent cuits et le goût en est bon.

Noisetier, Hashibami *(Corylus avellana)* possède quelques variétés, mais il n'y a rien à mentionner ici.

Kaya *(Torrea nucifera)* est un arbre toujours vert qui appartient à la famille des Conifères. Nous ne pensons pas qu'il soit employé en Europe : il y a plusieurs variétés dont quelques-unes donnent des fruits immangeables ; chez d'autres, l'arbre est petit et convient à la plantation en pot ; il croît bien partout, à l'exception des terrains humides. Il n'a pas sur le même arbre les deux organes de reproduction mâle et femelle ; alors il est préférable de reproduire par greffe.

PLANTES A PETITS FRUITS

Vigne, Budô *(Vitis vinifera)*. Au Japon, elle croît spontanément dans les montagnes et dans les champs, mais le raisin est trop acide pour être mangé. Celui qu'on cultive particulièrement a deux espèces, les graines de fruits rouges et les graines blanches. C'est la même espèce que celle d'Europe. Toutefois, le sarment est long, la peau du fruit mince ; la vigne donne une abondante recolte de raisins qui sont bons à manger frais, ou qu'on peut faire sécher.

Fraisier, Hebi-itsigo *(Fragaria elatus)*, une des variétés de fraisier, croît au bord des chemins vicinaux ou dans les bruyères. Ses fruits sont parfumés et d'un goût bien délicat, mais ils ne se produisent pas abondamment et sont creux dans l'intérieur.

Kusa-Ithigo sorte de fraisier *(Rubus Thumbergii)*, a de nombreuses variétés; il croît partout, spontanément dans les montagnes et aux champs; une variété dont la végétation est vigoureuse atteint une hauteur de $2^m,50$. Une variété dont les sarments rampent sur le sol donne les fruits qui ne se mangeaient pas autrefois au Japon.

Mûrier, Kuwa *(Morus alba)*. Au Japon, il existe plus de trente variétés de mûriers, mais il n'y a que trois ou quatre variétés qui donnent des fruits; on ne les mange pas ordinairement.

Elacagocus *(Gumi)* croît spontanément dans les montagnes et aux champs. L'espèce commune a trois variétés qui mûrissent en été ou en automne; celle de l'été est toujours verte, mais celle de l'automne perd ses feuilles. Les branches coupées sont vendues.

NASHI

Poirier *(Pyrus usuriensis* Maxim.), 25 espèces.

1. Variété Taihei.

Le Taihei donne des fruits charnus dont le poids est d'environ 563 grammes à 601 grammes; leur jus est doux. La récolte est annuellement abondante.

2. Variété Kompeï.

Les fruits du Kompeï ont le goût médiocrement agréable et leur peau est mince; ils sont bien recherchés à cause de leur belle forme.

3. Variété Kinchiaka.

Les fruits du Kinchiaka sont précoces; leur goût est délicat.

4. Variété Akaho.

Les fruits de l'Akaho sont tardifs et convenables à la conservation.

5. Variété Akario.

L'Akario produit des fruits à la chair dure ; ils peuvent se conserver longtemps. Ces fruits frais sont fort acides et peu agréables à manger ; mais si on les conserve, leur chair devient tendre et leur jus en augmente la douceur.

6. Variété Okuroku.

Les fruits de l'Okuroku sont précoces et mûrissent au milieu du mois de juillet. Dans ce mois, on cueille la moitié des fruits qui sont mûrs sur l'arbre et on les vend au marché ; puis si immédiatement on couvre le pied de l'arbre de fumier, les fruits qui y restent attachés prennent bientôt une couleur verte, grossissent de nouveau et sont mûrs vers la fin du mois d'août. A ce moment, leur grosseur est le double de celle des fruits cueillis au mois de juillet, et ce sont alors des fruits bien délicats.

7. Variété Nakaya.

Le Nakaya produit des fruits qui ont le goût agréable et le jus abondant. C'est un arbre qui aime la terre humide.

8. Variété Yedoya.

Les fruits de cet arbre ont la peau mince, la chair riche, mais le suc manque ; la récolte est annuellement abondante.

9. Variété Tamago.

Les fruits du Tamago sont tardifs ; leur jus n'est pas abondant, mais leur goût est bien doux.

10. Variété Koga.

11. Variété Guikomen.

12. Variété Masuo.

Le Matsuo donne des fruits tardifs et propres à la conservation.

13. Variété Heishi.

Le Heishi produit des fruits dont le goût est assez bon.

14. Variété Koguki.

15. Variété Nakokoga.

16. Variété Hosokuchi.

17. Variété Kinkomen.

18. Variété Aomi.

Les fruits de l'Aomi donnent le shibu (sorte de vernis astringent), qui ne s'infiltre jamais, même quand, avec un couteau, on a ôté la peau du fruit.

19. Variétés Miyoshi.
20. Variétés Murui.
21. Variétés Aribako.
22. Variétés Tosajoo.
23. Variété Wokogo.
24. Variété Shimoshima.
25. Variété Wosekiriu.
26. Kingo (pommier *Pyrus baccata*).

27. Kuarin ou Cognassier *(Cyrus chinensis)*.

Le Kuarin donne des fruits désagréables, dont le goût est acide et âpre. On ne mange ces fruits que réduits en poudre, et avec du sucre. Mais on en fait des confitures et autres préparations analogues; on trouve ces fruits excellents et meilleurs que beaucoup d'autres.

28. Boke *(Pyrus japonica)*.

De même que le coing, les fruits du Boke sont aigre-doux et leur odeur est peu sensible.

Les fleurs de ces arbres fruitiers sont tantôt rouges, tantôt blanches, tantôt nuancées. Le fleurs se divisent aussi en pétales simples et en pétales doubles. Toutes ces fleurs sont très estimées en raison de leur beauté.

Kaki *(Diospyrus kaki)*.

Huit espèces.

29. Variété Taru-gaki.

Le Taru-gaki produit des fruits dont le poids est d'environ 281 gr. 947 et qui ont peu de pépins ou même qui n'en ont pas; le goût de ces fruits étant très âpre, ils ne sont pas bons à manger quand ils sont frais; mais quand on les laisse pendant un certain temps dans un tonneau ayant contenu du saké (boisson fermentée provenant du riz), leur âpreté disparaît et leur goût devient très délicat.

30. Variété Hiakumé-gaki.

Les fruits du Hiakumé-gaki sont charnus et n'ont que peu de pépins; leur chair est couverte de larges taches noires, leur jus est abondant et leur goût très doux. C'est un des kakis à fruits doux qui donne les meilleurs fruits. Quant aux plus grands de ces fruits, leur poids s'élève à Hiakume à environ 37 gr. 939.

31 Variété Hiza-gaki.

Le Hiza-gaki produit des fruits dont le goût devient vite doux; ils sont petits, mais d'un goût excellent.

32. Variété Yamayemon.

Le Yamayemon donne des fruits tardifs dont la peau et la chair sont dures; leur goût est doux et excellent.

33. Variété Tsurunoko.

Les fruits du Tsurunoko ont la chair couverte de larges taches noires; leur goût est doux et excellent.

34. Variété Zenzi.

Dès le milieu du mois de septembre les fruits du Zenzi perdent leur âpreté et se mangent frais, mais alors ils ont peu de suc et la saveur n'en est pas très agréable; mais si on les laisse sur leur arbre jusqu'à la saison des gelées blanches, les fruits sont alors complètement mûrs, leur suc abondant et leur goût très agréable et très doux.

35. Variété Hachiya.

Le Hachiya donne des fruits dont le poids s'élève à environ 368 gr. 420; frais, ils gardent leur âpreté, même à l'état de maturité; ces fruits ne peuvent s'employer qu'après avoir subi certaines préparations. On en fait des gâteaux appréciés.

36. Variété Mamé-gaki *(Diospyrus lotus)*.

Les fruits du Mamé-gaki sont âpres, même à l'état de complète maturité. On les cueille avec les branches, on leur ôte la peau au couteau, et on les expose au soleil en rangeant leurs branches. Ces fruits, ainsi séchés, ont le goût très agréable; de même, si on les conserve dans du sucre, leur goût est excellent. En pilant ces fruits et en en exprimant le jus, on fait un bon vinaigre.

37. Akebi *(Akebi quinata)*.

L'Akebi donne des fruits dont le goût est agréable.

38. Mube *(Slauntonia hexaphylla)*.

De même que l'Akebi, le Mube donne des fruits dont le goût
est bien doux.

39. Tchidjiku ou **figuier** *(Ficus catica)*.
40. Biwa ou **néflier** *(Eriolotrya japonica)*.
41. Zakuro ou **grenadier** *(Punica granatum)*.
42. Kishiu-mikan *(Citrus nobilis var.)*.

Le Kishiu-Mikan donne des fruits dont le jus est abondant
et la saveur douce; il a peu de pépins, ils sont très bons à
manger frais.

43. Unshin-mikan *(Citrus nobilis var.)*.

Les fruits du Unshin-mikan ont le jus abondant et le goût
en est très doux; la plupart de ces fruits n'ont pas de pépins;
c'est le meilleur de tous les fruits de mikan. Ils sont propres à
se conserver longtemps.

44. Koji-mikan *(Citrus nobilis var.)*.

Les fruits du Koji-mikan sont acides et âpres, mais peuvent
cependant se manger frais : mais quand on les conserve longtemps, leurs cellules se contractent et leurs fibres se manifestent; c'est le défaut de ces fruits.

45. Kunempo *(Citrus aurantium)*.

Le Kunempo produit des fruits dont l'odeur est très sensible
et la saveur aigre-douce; ils peuvent se manger frais. On se
sert de leur peau dans la préparation des mets. C'est un des
fruits qui se conservent le plus longtemps.

46. Azabon *(Citrus decumana)*.

Les fruits de l'Azabon sont bons à manger crus.

47. Himezabon *(Citrus decumana)*.

48. Daïdaï *(Citrus bigaradia)*.

Le Daïdaï produit des fruits dont le goût est amer et âpre et
dont l'odeur est sensible; leurs cellules sont très acides, leur
jus est abondant. Ils ne se mangent pas frais; on exprime
et conserve leur jus pour servir dans la préparation des mets.
On s'en sert aussi l'été, comme boisson.

49. Natsu-daï *(Citrus bigaradia var.)*.

Cet arbre fleurit et fructifie en même temps que les autres
arbres de cette espèce; mais après l'hiver, ses fruits deviennent

d'un vert jaunâtre sous l'influence du printemps, et puis, ils achèvent de mûrir pendant l'été; alors leur couleur est tout à fait jaune. Si on les cueille à ce moment, leur jus est abondant et leur saveur aigre-douce. On les mange frais, on en exprime le jus dans de l'eau froide, ce qui donne un breuvage agréable.

50. **Nineji-daï-daï** (*Citrus bigaradia* var.).

51. **Yuzu** ou **Citronnier** (*Citrus*).

52. **Yuko** (*Citrus*).

C'est un arbre robuste qui ne craint pas le froid; il pousse bien, même dans les terres froides du nord-est du pays.

53. **Busshin-Kan** (*Citrus medica* Risso, var. *chisrocarpus*).

Les fruits du Busshin-kan sont les plus odorants des citrons; si on conserve ces fruits crus dans du sucre, ils sont très parfumés et le goût en est très agréable.

54. **Marukinkan** (*Citrus japonica*, var. *fructus globosa*).

Cet arbre pousse ordinairement dans les terres chaudes, ses fruits ont de pauvres cellules et beaucoup de pépins; leur écorce ayant une bonne odeur et d'un goût agréable, on mange ces fruits avec la peau quand ils sont frais; on en fait aussi des confitures.

55. **Nagakinkan** (*Citrus japonica*, var. *elliptica*).

Les fruits du Nagakinkan ont la peau épaisse et parfumée et d'une saveur douce; il y a peu de cellules et beaucoup de pépins. Leur goût est assez doux. Ces fruits se mangent frais avec la peau. On les conserve dans le sucre, ou bien on les cuit avec du sucre. Les fruits frais peuvent se conserver bien longtemps.

56. **Himekinkan** (*Citrus japonica* var.).

57. **Tachibana** (*Citrus*).

Mume ou **Prunier** (*Prunus mume*), quatre espèces.

58. **Variété Naniwa-mume.**

Cet arbre a des fleurs pétales doubles, et de couleur rouge clair; ses fruits ne sont pas grands, mais leur récolte est abondante.

59. Variété Bungo-mume.

C'est un des mumes qui donnent les plus grands fruits; ses fleurs ont des pétales simples; la récolte est abondante.

60. Variété Ko-mume.

Le Ko-mume est un arbre qui fructifie abondamment; ses fruits sont petits.

61. Variété Anzu *(Prunus armeniaca)*.

L'Anzu donne des fruits qui ont une saveur très agréable. On fait usage de ces fruits frais à table; les fruits séchés se conservent facilement et se transportent. On s'en sert aussi pour préparer divers gâteaux.

Momo ou **Pêcher** *(Prunus pertica)*, trois espèces.

62. Variété Natsu-momo.

C'est un arbre qui donne des fruits mûrissant au commencement de l'été.

63. Variété Aki-momo.

C'est un arbre qui produit des fruits mûrissant à l'automne.

64. Variété Fuyu-momo.

C'est un arbre donnant des fruits mûrissant au commencement de l'hiver.

65. Zubaï-momo *(Amygdalus netarina)*.

Le Zubaï-momo produit des fruits qui ont une saveur bonne et agréable.

Sumomo *(Prunus triflora)*.

66. Variété Aka-sumomo.

67. Variété Shiro-sumomo.

68. Variété Hatankio.

69. Sakura ou Cerisier *(Prunus pseudo-cerasus)*.

Les fleurs du Sakura sont salées et conservées pour être employées à la place de thé.

70. Yusura-mume *(Prunus tomentosa)*.

Le Yusura-mume est un arbre qui donne une récolte d'environ huit à neuf litres de fruits.

71. Yama-momo *(Mirica rubia)*.

Les fruits du Yama-momo se mangent frais après qu'ils ont été trempés dans de l'eau salée pendant deux ou trois heures; ou bien on les conserve dans du sucre, dans du miel ou dans de l'eau-de-vie.

72. **Natsume** ou **Jujubier** *(Zizyphus vulgaris)*.

73. **Kuri** ou **Châtaignier** *(Castania chinensis)*.

74. **Budo** ou **Vigne** *(Vitis vinifera)*.

75. **Kuwa** ou **Mûrier** *(Morus)*.

76. **Natsu-gumi** *(Elægnus pungens)*.

77. **Aki-gumi** *(Elægnus umbellata)*.

78. **Tawara-gumi** *(Elægnus longipes)*.

79. **Reishi** *(Momordica charantia)*.

80. **Naga-reishi** *(Momordica charantia var.)*

PARIS. — IMP. CHAIX, RUE BERGÈRE, 20. — 15064-7-9.

www.ingramcontent.com/pod-product-compliance
Lightning Source LLC
LaVergne TN
LVHW050621060726
842527LV00004B/1138